热工基础及应用

REGONG JICHU
JI YINGYONG

主　编　韩淑芬　任俊英

副主编　牛亚尊　于　洁　韩旭瑞

北京理工大学出版社
BEIJING INSTITUTE OF TECHNOLOGY PRESS

内 容 简 介

全书分三个模块,共 15 个任务。模块一主要讲述了热力学的基本概念及基本定律(热力学第一定律、热力学第二定律)、理想气体的热力性质和热力过程;模块二主要讲述了水蒸气的定压生产过程、水蒸气状态参数的确定方法、水蒸气图表的结构及使用方法和水蒸气的典型热力过程等;模块三主要讲述了导热、对流换热、辐射换热的基本概念和基本规律,传热过程的分析与计算,换热器的分类与综合分析等。各模块均有例题,并附有思考题和习题。书后附有部分附表及焓熵图,以便读者在进行热力计算时使用。

本书可作为高职高专电力技术类电厂热能动力装置、火电厂集控运行专业的教材。

版权专有　侵权必究

图书在版编目(CIP)数据

热工基础及应用/韩淑芬,任俊英主编. —北京:北京理工大学出版社,2014.4(2025.8重印)

ISBN 978 – 7 – 5640 – 8916 – 0

Ⅰ.①热… Ⅱ.①韩…②任… Ⅲ.①热工学 – 高等学校 – 教材 Ⅳ.①TK122

中国版本图书馆 CIP 数据核字(2014)第 038320 号

出版发行 /北京理工大学出版社有限责任公司
社　　址 /北京市海淀区中关村南大街 5 号
邮　　编 /100081
电　　话 /(010)68914775(总编室)
　　　　　82562903(教材售后服务热线)
　　　　　68944723(其他图书服务热线)
网　　址 /http://www.bitpress.com.cn
经　　销 /全国各地新华书店
印　　刷 /廊坊市印艺阁数字科技有限公司
开　　本 /710 毫米×1000 毫米　1/16
印　　张 /12
插　　页 /1　　　　　　　　　　　　　责任编辑 /陈莉华
字　　数 /196 千字　　　　　　　　　　文案编辑 /陈莉华
版　　次 /2014 年 4 月第 1 版　2025 年 8 月第 8 次印刷　责任校对 /孟祥敬
定　　价 /29.00 元　　　　　　　　　　责任印制 /王美丽

序
PROLOGUE

从 20 世纪 80 年代至今的三十多年，我国的经济发展取得了令世界惊奇和赞叹的巨大成就。在这三十多年里，中国高等职业教育经历了曲曲折折、起起伏伏的不平凡的发展历程。从高等教育的辅助和配角地位，逐渐成为高等教育的重要组成部分，成为实现中国高等教育大众化的生力军，成为培养中国经济发展、产业升级换代迫切需要的高素质高级技能型专门人才的主力军，成为中国高等教育发展不可替代的半壁江山，在中国高等教育和经济社会发展中扮演着越来越重要的角色，发挥着越来越重要的作用。

为了推动高等职业教育的现代化进程，2010 年，教育部、财政部在国家示范高职院校建设的基础上，新增 100 所骨干高职院校建设计划（《教育部 财政部在关于进一步推进"国家示范性高等职业院校建设计划"实施工作的通知》教高 [2010] 8 号）。我院抢抓机遇，迎难而上，经过申报选拔，被教育部、财政部批准为全国百所"国家示范性高等职业院校建设计划"骨干高职院校立项建设单位之一，其中机电一体化技术（能源方向）、电力系统自动化技术、电厂热能动力装置、冶金技术 4 个专业为中央财政支持建设的重点专业，机械制造与自动化、水利水电建筑工程、汽车电子技术 3 个专业为地方财政支持建设的重点专业。

经过三年的建设与发展，我院校企合作体制机制得到创新，专业建设和课程改革得到加强，人才培养模式不断完善，人才培养质量得到提高，学院主动适应区域经济发展的能力不断提升，呈现出蓬勃发展的良好局面。建设期间，成立了由政府有关部门、企业和学院参加的校企合作发展理事会和二级专业分会，构建了"理事会——二级专业分会——校企合作工作站"的运行组织体系，形成了学院与企业人才共育、过程共管、成果共享、责任共担的紧密型合作办学体制机制。各专业积极与企业合作，适应内蒙古自治区产业结构升级需要，建立与市场需求联动的专业优化调整机制，及时调整了部分专业结构；同时与企业合作开发课程，改革课程体系和教学内容；与企业技术人员合作编写教材，编写了一大批与企业生产实际紧密结合的教材和讲义。这些教材和讲义在教学实践中，受到老师和学生的好评，普遍认为理论适度，案例充实，应用性强。随着教学的不断深入，经过老师们的精心修改和进一步整理，汇编成册，付梓出版。相信这些汇聚了一线教学、工程技术人员心血的教材的出版和推广应用，一定会对高职人才的培养起到积极的作用。

在本套教材出版之际，感谢辛勤工作的所有参编人员和各位专家！

张玉清

内蒙古机电职业技术学院院长

前 言
PREFACE

  本书是根据教育部高职高专院校骨干建设的任务，为满足电厂热能与动力装置专业岗位能力的需求，由学校专任教师和企业工程技术人员参与编写的适用于高等职业教育热能与动力装置专业的基础教材。

  本书在编写过程中充分考虑了高职高专教育的特点，本着联系企业实际生产、知识够用为原则，突出知识应用能力的培养。其特点是由学校专业教师和企业工程技术人员共同制定本书的编写大纲。

  本书由内蒙古机电职业技术学院韩淑芬、任俊英担任主编。其中绪论、模块一由内蒙古机电职业技术学院韩淑芬编写；模块二中的任务一、任务二和各模块习题由内蒙古机电职业技术学院牛亚尊编写；模块二中的任务三、任务四、任务五和附录由内蒙古机电职业技术学院于洁编写；模块二中的任务六由京能赤峰能源发展有限公司韩旭瑞编写；模块三中的任务一、任务二、任务三、任务四由内蒙古机电职业技术学院任俊英编写；模块三中的任务五由内蒙古能源金山热电厂刘利军和内蒙古丰泰发电有限公司马建强编写；全书统稿由内蒙古机电职业技术学院韩淑芬完成。

  在编写过程中，得到了许多与电厂相关企业及兄弟院校同仁的大力支持和热情帮助，在此表示衷心的感谢。对所有为本书提供资料、建议和帮助的各方人士，也表示诚挚的谢意。

  由于编者水平所限，书中难免存在缺点和不足之处，敬请读者批评指正。

编　者

目　录
Contents

绪　　论

一、热能的利用及其在电力工业中的地位

能源是指可向人类提供各种能量和动力的物质资源。迄今为止，由自然界提供的能源有：水力能、风能、太阳能、地热能、燃料的化学能、原子核能、海洋能以及其他一些形式上的能量。

热能的利用可分为直接利用和间接利用两种方式。热能的直接利用是指直接利用热能加热物体，热能的形式不发生变化，如取暖、烘干、冶炼、蒸煮等。热能的间接利用是指把热能转换为机械能或进一步转化为电能加以利用，以满足人类生产和生活对动力的需要，如火力发电、交通运输、石油化工、机械制造和其他各种工程中的蒸汽动力装置、燃气动力装置。在热能的间接利用中，热能的能量形式发生了转换。

热能间接利用方式是现代社会利用热能的主要方式。尤其是电能，由于具有传输方便、易于控制、使用灵活且易于转换为其他形式的能量等诸多优点，已成为发展现代社会物质文明的重要条件。在能源的利用中，电能利用占总能源利用的比例已成为国民经济发展水平的标志。

目前，将热能最终转换为电能的热力发电（火力发电、热力发电、核电厂）占世界总发电量的 80% 左右，无论是在我国还是在世界，预计今后相当长的一个时期内，热力发电仍将在电力工业中占最主要的地位。

二、火电厂的生产过程

在我国，发电量比例最高的就是火力发电厂，火力发电厂是指利用燃料（煤、石油、天然气等）生产电能的工厂，简称火电厂。

火电厂的生产过程实质上是一个能量转换的过程。先是在锅炉中，燃料的化学能通过燃烧转换为水蒸气的热能，接着在汽轮机中水蒸气的热能转化为机械能，最后在发电机中机械能转换为电能。由丁火电厂中的锅炉、汽轮

机、发电机三大设备分别完成了能量形式的三次转换，所以锅炉、汽轮机、发电机又称为火电厂的三大主机。

图 0-1 是以煤为燃料的火力发电厂生产过程示意图。

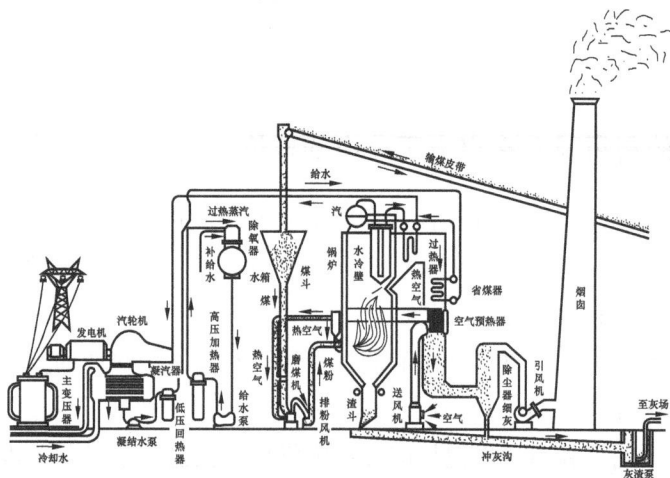

图 0-1   火力发电厂生产过程示意图

煤由煤场经输煤皮带送入锅炉制粉系统，经过磨煤机磨制成粉，在热空气的输送下进入锅炉燃烧室内燃烧，生成高温烟气，使燃料的化学能转换为烟气的热能。该热能通过锅炉受热面（水冷壁、过热器等）的传热，使锅炉中的水变成高温高压的过热蒸汽。由此，烟气的热能转变为水蒸气的热能。

过热蒸汽进入汽轮机中，通过喷管降压增速，形成高温气流，冲击汽轮机转子上的叶片，使汽轮机转子高速旋转，将蒸汽的热能转换成机械能。汽轮机再带动发电机转子一起旋转，切割磁力线，将机械能转换为电能，经主变压器送出。

在汽轮机中做完功后的蒸汽（常称为乏汽）排入凝汽器，在凝汽器中放热而凝结成水，再经凝结水泵打入低压加热器、除氧器，经给水泵压入高压加热器，经省煤器送回锅炉汽包，使水重新在锅炉受热面吸收热量变成高温高压的蒸汽。这样周而复始，通过水蒸气连续循环，使热能连续不断地转变为机械能，并最终转变为电能。

从火力发电厂的生产过程可见，就其能量转换来说，可以分为两大部分，即从燃料的化学能转变为机械能的部分和从机械能转变为电能的部分。前者称为发电厂的热力部分，后者称为发电厂的电气部分。热力部分包括锅炉、汽轮机、凝汽器、水泵、加热器等热力设备以及连接它们构成的热力系统。

三、本课程的主要内容

热能与机械能的转换及热量的传递是发电厂热力设备中的主要工作过程。能量的转换必须遵循哪些规律？热量的传递又受到哪些因素的影响？如何使火电厂中的能量转换和热量传递在最有利的条件下进行？如何增强与削弱传热？怎样提高火电厂的热经济性等，都是本课程讨论的主要内容。

该课程是从事火电厂集控运行专业人员必须掌握的基本理论知识，是控制、运行热能动力设备的基础，各种热力设备的设计、制造、安装、运行、检修与改进都要用到该课程的基本理论。因而学好该课程将为学习锅炉、汽轮机、热力发电厂等专业课及毕业后从事本专业相关的工作奠定重要基础。

模块一

热力学基本概念和基本定律
认知与应用

工程热力学采用宏观的研究方法，以从无数实践中归纳总结出来的热力学第一定律和第二定律作为分析推理的依据。把物质看作连续的整体，对其宏观现象和宏观过程进行研究。由于宏观分析不涉及物质内部结构，因此分析推理条理清晰，其研究结果具有高度的可靠性和普遍性，适宜于工程上应用。工程热力学是各种动力装置、制冷装置、热泵空调机组、锅炉及各种热交换器进行分析和计算的理论基础。本模块主要讲述：热力学的基本概念及基本定律（热力学第一定律、热力学第二定律）；理想气体的热力性质和热力过程。

任务一 热力学基本概念认知

一、工质和热力系

（一）工质

能量是物质运动的量度，能量与物质是不可分割的。在热力工程中，热能与机械能之间的相互转换以及热能的转移，都是借助于某种媒介物质来完成的。这种实现能量传递与转换的媒介物质称为工质，工质是实现能量转换的内部条件。在热机循环中，为获得较高的热功转换效率，常选用可压缩、易膨胀的气体，如水蒸气、空气或燃气等作为工质。在制冷循环和热泵循环中，为提高从低温热源吸热向高温热源放热的工作效率，常选用被称为制冷剂的易汽化、易液化的氨、氟利昂等物质作为工质。

在火电厂中，由于工质连续不断地流过热力设备而膨胀做功。因此，要求工质具有良好的膨胀性和流动性。此外，还要求工质热力性能稳定，无毒、无腐蚀性、廉价、易得等。鉴于此，目前火电厂中采用水蒸气作为工质。水在锅炉中吸热生成蒸汽，然后在汽轮机中膨胀推动叶片旋转对外做功，做功后的乏汽在凝汽器中向冷却水中放热又凝结成水。在这一系列过程中，炉膛中的高温烟气向工质提供高温热源，汽轮机是实现热工转换的热机，凝汽器中的冷却水是吸收工质所释放的废热低温热源，通过工质的状态变化及它和高温热源、低温热源之间的相互作用实现了热能向机械能的连续转换。

（二）热力系

1. 热力系、外界与边界

对于任何分析研究，首先必须明确研究的对象。在热力学中，具体指定的热力学研究对象称为热力系，如同力学中的隔离体一样。系统外与之相关的所有物体统称为外界。热力系统与外界之前的分界面称为界面或是边界。根据具体情况，这个界面可以是真实的，也可以是假想的，可以是固定的，也可以是移动的，这一切都取决于研究的任务。

如图 1 - 1 所示，在气缸与活塞所封闭的空间里有一定量的气体。当研究气体受热膨胀而推动活塞向右移动时，气缸中封闭的气体就是所要研究的对象，即所选取的热力系。活塞及热源构成外界，气缸内壁和活塞下表面则构成系统的边界，如图中虚线所示。显然这是真实的界面，并且其中的一部分随着活塞的移动而发生变化。

如图 1 - 2 所示汽轮机，若取进出口截面 1—1、2—2 及气缸内壁的空间为热力系，则系统的边界是固定的，其中一部分是真实存在的（气缸内壁），另一部分（截面 1—1 和 2—2）则是假想的。

2. 闭口系和开口系、绝热系和孤立系

一般情况下，热力系与外界总是处于相互作用之中，它们可以通过边界进行物质和能量的交换。物质交换是通过物质流进和流出热力系来实现的，能量交换则有传热和做功两种形式。

根据热力系与外界相互作用情况的不同，热力系可区分成若干类型。

根据热力系与外界进行物质交换的情况，可将热力系分为闭口系和开口系。若系统与外界无物质交换，或者说没有物质穿过系统边界，则称为闭口系，如图 1 - 1 所示。若系统与外界有物质交换，或者说物质穿过系统边界，则称为开口系，如图 1 - 2 所示。

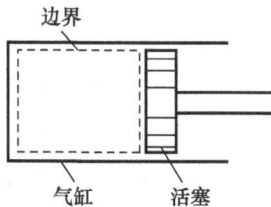

图 1-1　闭口热力系　　　　　图 1-2　开口热力系

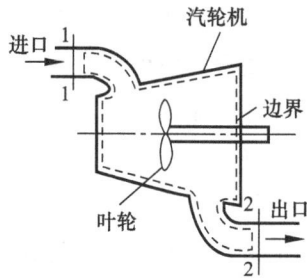

与外界不发生热交换的热力系统称为绝热系。

与外界无任何相互作用的热力系，称为孤立系。此时没有物质穿过边界，系统也不与外界发生任何形式的能量交换。

显然，因为自然界中的一切事物都是相互联系、相互制约的，所以绝对的绝热系和孤立系实际上是不存在的。但在某些特殊情况下，可以简化为这两种理想的模型。

如果某些实际的热力系，在某段时间内与外界交换的热量很少，对于系统的能量传递和能量转换起的作用可以忽略不计，则这样的系统就可以近似地看作是绝热系。如图 1-2 所示的热力系，通常蒸汽通过气缸壁对外散失的热量，与蒸汽在汽轮机中进行的能量转换相比是非常小的，因此在实际计算时常把它当作绝热系看待。

另外，由于一切热力现象所涉及的空间范围是有限的。因此，如果我们把研究对象连同与它直接相关的外界所有物体一起取作一个新的热力系，则该系统与外界不发生任何能量和物质的交换，它就是一个孤立系。如图 1-1 所示的闭口系，它与热源、气缸活塞以及活塞上的重物一起就可以构成一个孤立系。此时，原来的闭口系以及与它发生相互作用的所有物体都可以看作是孤立系的组成部分。

绝热系和孤立系都是热力学中的抽象概念，它们常能反映客观事物的本质，这种科学的抽象将给热力学的研究带来很大的方便，在后面的学习中，我们还会遇到很多从客观事物中抽象出来的基本概念，如平衡状态、准平衡过程、可逆过程等。学习中不应该把这些抽象概念绝对化，而应该把它们看作是一种可靠的、科学的研究方法来理解和掌握。

应当指出，热力系如何划分，划分范围的大小，完全取决于分析问题的需要及分析方法的方便。它可以是一群物体或物体的某一部分；它可以很大，也可以很小。例如，我们可以把整套蒸汽动力装置作为一个热力系，分析计算它与外界的热量和功量交换，这时整个蒸汽动力装置中工质的质量不变，是闭口系。我们也可以只取其中的一个设备，如汽轮机内的空间作为热力系，分析流体流过汽轮机时的做功情况，这个热力系就是开口系。

二、工质的热力状态和基本状态参数

（一）状态与状态参数

在现实能量转换的过程中，热力系本身的状态也总是在不断地发生变化。要研究热力系，首先必须知道热力系中工质所处的热力状态及其变化情况。所谓热力状态，是指工质在某一瞬间所呈现的宏观物理状况，简称状态。它可以用一些宏观的物理量来描述，如压力、温度等。这些用来描述和说明工质状态的宏观物理量称为工质的状态参数。我们根据任何一个状态参数的变化，都可以断定工质的状态发生了变化。

状态参数是状态的单值函数，即状态参数的值仅取决于工质的状态。对应于某个给定的状态，工质的所有状态参数都有各自明确的数值。反之，一组数值确定的状态参数可以确定一个状态。

当系统内工质由初始状态 1 变化到了状态 2 时，不管经过什么途径，状态参数的变化量均等于初、终态下该状态参数的差值，而与所经历的途径无关。

这一性质用数学表达式写出则为：

$$\Delta x = \int_1^2 \mathrm{d}x = x_2 - x_1 \qquad (1-1)$$

式中，x_1、x_2 分别为状态 1 和状态 2 时的状态参数。

若工质从某一状态经历一系列的状态变化过程又回到原状态，即工质经历一个循环，则其状态参数的变化量为零。其数学表达式为：

$$\oint \mathrm{d}x = 0 \qquad (1-2)$$

以上所述是状态参数的特征。

在热力学中，经常采用的状态参数有压力、温度、比体积、热力学能、焓、熵等。其中最基本的状态参数有三个，分别是压力、温度和比体积，它们都是可以直接测量的物理量，并且物理意义都比较容易理解，因此称为基本状态参数。至于其他参数，都只能从基本状态参数中间接导出。下面首先介绍三个基本状态参数。

（二）基本状态参数

1. 压力

（1）压力的定义及表达式

单位面积上所承受的垂直作用力称为压力，以符号 p 表示：

$$p = \frac{F}{A} \tag{1-3}$$

气体的压力是大量气体分子做不规则热运动时撞击容器壁，在单位面积上所产生的垂直方向上的平均作用力。式（1-3）所表示的压力是气体的真正压力，称为绝对压力。

要注意的是，在物理学中，我们把这种单位面积上所承受的垂直作用力叫作"压强"，而把容器壁上所承受的总力叫作压力。

（2）表压与真空度

工程上，工质的压力常用压力表或真空表来测量。常用的弹簧管测压计和 U 形管测压计，如图 1-3 所示。测量压力的仪表通常处于大气环境中，不能直接测出绝对压力的数值，只能显示出绝对压力和当时当地的大气压力差值。如图 1-3（a）的弹簧管式测压计是利用弹簧管内外压差的作用产生的变形带动指针转动，指示被测工质与环境的压差；图 1-3（b）的 U 形管测压计一端与被测工质相连，另一端敞开在环境中，测压液体的高度差即指示被测物质和环境间的压差。

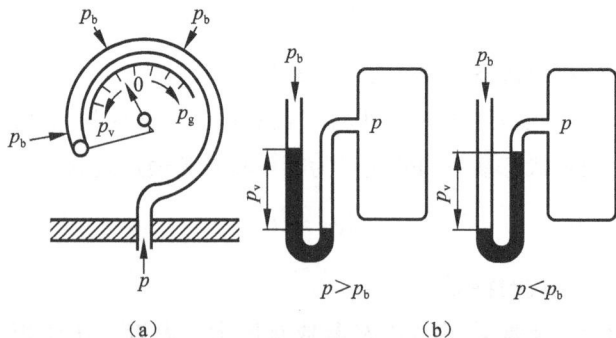

图 1-3 压力的测量

（a）弹簧管测压计；（b）U 形管测压计

当气体的绝对压力高于大气压力时，压力计显示的是绝对压力超出大气压力的部分，称为表压力，用符号 p_g 表示：

$$p_g = p - p_b \qquad (1-4)$$

式中，p_b 为大气压力，可用气压计测定。其值随测量的时间和地点不同而不同。

当气体的绝对压力低于大气压力时，真空计显示的是绝对压力低于大气压力的部分，称为真空度，用符号 p_v 表示：

$$p_v = p_b - p \qquad (1-5)$$

显然，要想知道气体的绝对压力，仅仅知道压力计或真空计的读数是不够的，还需要知道当时当地气压计的读数，然后通过上述公式计算得出。

表压、真空度和绝对压力之间的关系如图 1-4 所示。根据上述关系，如果大气压力发生变化，即使工质的绝对压力不变，压力计和真空计所显示的读数也会随之改变。所以，表压和真空度都不是状态参数，只有绝对压力才能作为描述工质状态的状态参数。

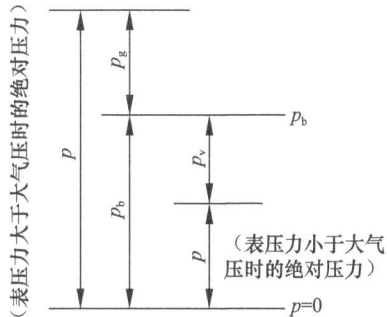

图 1-4 压力关系换算示意图

工程计算中，选取的压力必须是绝对压力。火电厂中所测得的锅炉汽包，主蒸汽的压力值都是表压力，负压燃烧锅炉炉膛内的烟气和凝汽器内乏汽的压力值为真空，计算时都需要根据上述公式换算为绝对压力。

（3）压力的单位

国际单位制中压力的单位为 Pa（帕），$1 \text{ Pa} = 1 \text{ N/m}^2$。因其单位量值较小，工程上常用 MPa（兆帕）作为压力的单位，它们之间的关系为：

$$1 \text{ MPa} = 10^6 \text{ Pa}$$

此外，曾经得到广泛的应用，目前仍能见到的其他压力单位还有 mmHg（毫米汞柱）、mmH_2O（毫米水柱）、atm（标准大气压）和 at（工程大气压）等。其中：

$$1 \text{ mmHg} = 133.3 \text{ Pa}, \quad 1 \text{ mmH}_2\text{O} = 9.81 \text{ Pa}$$

在物理学中，将纬度 45° 海平面上的常年平均气压定作标准大气压，用 atm 表示，$1 \text{ atm} = 1.013\,25 \times 10^5 \text{ Pa}$。工程计算中，大气压力常近似地取为

1 at = 0.1 MPa，称为 1 个工程大气压。

2. 温度

通俗地讲，温度是标志物体冷热程度的物理量。

温度的数值标尺称温标。常用的温标有摄氏温标和热力学温标。摄氏温标用 t 表示，单位为℃（摄氏度）。国际单位制中采用热力学温标，也叫开尔文温标或绝对温标，用 T 表示，单位为 K（开尔文）。它们之间的换算关系如下：

$$t = T - 273.15 \qquad (1-6)$$

显然，两种温标的每一温度间隔的大小完全一致，只是摄氏温标的基准点比绝对温标的基准点高出 273.15 K。这样，工质两状态间的温度差，不论是采用热力学温标，还是采用摄氏温标，其差值相同，即 $\Delta T = \Delta t$。

3. 比体积

比体积就是单位质量的物质所占有的体积，用符号 v 表示，单位为 m^3/kg。其计算公式如下：

$$v = \frac{V}{m} \qquad (1-7)$$

式中，V 为体积，m^3；m 为质量，kg。

比体积是表示物质内部分子疏密程度的状态参数，比体积越大，物质内部分子之间的距离就越大，物质内部分子就越稀疏。固体、液体、气体的比体积依次增大。

比体积的倒数称为密度，符号为 ρ，单位为 kg/m^3。密度是单位体积的物质所具有的质量。其计算公式如下：

$$\rho = \frac{m}{V} \qquad (1-8)$$

【例 1-1】 一台型号为 HG1021/18.2—540/540 的锅炉，其中 18.2 指的是蒸汽的表压力为 18.2 MPa，已知当地大气压力为 750 mmHg，试求蒸汽的绝对压力为多少？

解：根据 $p = p_b + p_g$，则绝对压力为

$p = 750 \times 133.3 + 18.2 \times 10^6 = 18.3 \times 10^6 (\text{Pa}) = 18.3 (\text{MPa})$

说明：①火电厂的设备型号中，通常有表示压力的参数。在不同的设备型号中，其含义不尽相同。例如，在锅炉型号 HG1021/18.2—540/540 中，

18.2 指的是蒸汽的表压力为 18.2 MPa；而汽轮机的型号N300—16.7/537/537 中，16.7 指的是新蒸汽的绝对压力为 16.7 MPa。

② 在有些计算中，当工质压力较高时，大气压力的值可以近似地取为 0.1 MPa，这样引起的误差是很小的。但是，如果工质本身的压力数值比较 小，则大气压力应取当地大气压力值。

三、平衡状态和热力过程

（一）平衡状态、状态方程式和参数坐标图

1. 平衡状态

一个热力系可能呈现不同的状态，其中具有特别意义的是平衡状态。所 谓平衡状态，是指在没有外界影响的情况下，系统内工质的宏观性质不随时 间而变化的状态。在平衡状态下，工质各点相同的状态参数均匀一致，具有 确定的数值。

上节讲到压力、温度、比体积是工质的状态参数，可以用来描述工质的 状态，这只在平衡状态下才有可能。例如，我们说工质在某一温度下具有温 度 $T(K)$，这就意味着此时系统内工质各点的温度都是 T，否则 T 这个数值就 说明不了工质的状态。只有平衡状态才可以用确定的状态参数来描述工质的 状态特性，这是进行热力学分析计算的基础。

2. 状态方程式

热力系处于平衡状态时，其每个状态参数都有确定的值，可以用这些状 态参数来描述该平衡状态各方面的特性，但在确定该平衡状态时，却不必给 出全部状态参数的值，这是因为描述状态的各个参数并不是独立的，往往互 相联系。例如，如果维持气体的比体积不变，对气体加热，则气体的压力将 随温度的升高而增大；若维持气体的压力不变对气体加热，则气体的比体积 随温度的升高而加大；如果比体积和压力都保持不变，温度就只能是个定值。 三个基本状态参数之间的内在联系，可以用数学式表达如下：

$$f(p,v,T) = 0 \qquad\qquad (1-9)$$

3. 参数坐标图

由式（1-9）可知，对平衡状态，只需确定两个状态参数，第三个状态 参数即随之而定。因此，通常简单热力系的热力学状态只需要用两个独立的 状态参数便可确定。热力学中为了分析问题方便和直观，常采用任意两个独

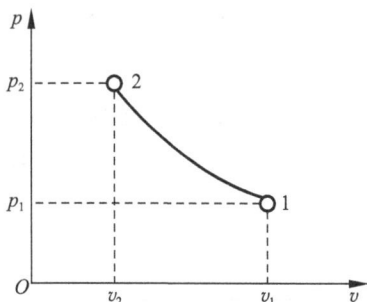

图 1-5 参数坐标图

立参数组成一个平面直角坐标图，称为参数坐标图，在图上用确定的点来描述工质所处的平衡状态。如图 1-5 所示 $p-v$ 图也称为压容图，以压力为纵坐标，比体积为横坐标，图中每一点代表工质的某一平衡状态，点 1 代表的是系统内工质压力为 p_1、比体积为 v_1 的平衡状态 $1(p_1，v_1)$，点 2 表示工质的另一状态 $2(p_2，v_2)$。不平衡状态因没有确定的状态参数，所以不能在参数坐标图上用确定的点表示。

除 $p-v$ 图外，热力学中还常用到由其他状态参数组成的坐标图，这将在后面的章节中陆续介绍。

（二）热力过程

热力系能量传递与转换都是通过工质的状态变化过程实现的。热力系从一个状态向另一个状态变化时经历的全部状态的总和称为热力过程，简称过程。

热力系的平衡状态是不会自发地发生变化的，只有在外界条件改变的情况下才会随着改变。一切实际热力过程都是热力系与外界之间不平衡势差（如温度差、压力差等）作用的结果。对于实际的热力过程，在过程中热力系内部的状态参数由于各种因素的影响并不是统一改变的，比如对容器内的气体加热，靠近容器壁的地方气体的温度先升高，在容器中心位置的气体温度则后升高，直到热力系与外界形成热量交换的动态平衡时，热力系内部的参数才逐渐一致形成新的平衡状态。在这个过程中的一系列中间状态都不是平衡状态。由于过程的中间状态不确定，所以分析起来就很困难。此外，在实际的热力过程中热力系与外界交换功量时，不可避免地存在耗散效应（通过摩擦、电阻、磁阻等使功变成热的效应）。对于这些问题如果不做简化处理，热力过程的分析计算势必非常困难。因此就有了准平衡过程与可逆过程的概念。

1. 准平衡过程

工质从一个平衡状态连续经历一系列平衡的中间状态过渡到另一个平衡状态，这样的过程称为准平衡过程。准平衡过程是理想化了的实际过程，它要求外界对热力系的作用必须缓慢到足以使热力系内部的工质能及时恢复被不断破坏的平衡。实际过程虽然不完全符合这一条件，但有很多过程经过简化后都可以近似地当作准平衡过程来处理。因为气体分子热运动的平均速度可以达到每秒数百米以上，气体压力传播的速度也可以达到每秒数百米，因而工程中的许多热力过程，虽然凭人们的主观标准看来似乎很迅速，但实际上按热力学的时间标尺来衡量，过程的变化还是比较慢的，并不会出现明显的偏离平衡态。

只有准平衡过程才可以在参数坐标图上表示为一条连续的曲线，如图 1 - 5 所示，曲线 1 - 2 代表一个准平衡过程，线上的每一点都代表过程进行中的一个平衡状态。

2. 可逆过程

准平衡过程是为了便于对热力系统内部工质的热力过程进行描述而提出的，它只着眼于工质内部的平衡，只要系统内各个点工质的状态参数能随时趋于一致，就可以认为该过程是准平衡过程。但在分析系统与外界功量和热量交换的实际效果时，即涉及热力过程能量传递的计算时，还必须引出可逆过程的概念。

可逆过程的定义：当工质完成某一热力过程后，若仍能沿原来所经历的状态变化途径逆行回复至原状态，并给外界不留下任何影响，则这一过程叫作可逆过程。否则，就称为不可逆过程。

可逆过程的进行必须满足以下条件：

（1）过程必须是准平衡过程

因为只有准平衡过程才可能对其路径加以描述。

（2）做机械运动时不存在摩擦

例如，气缸内气体经历一准平衡的膨胀过程，因活塞与气缸壁间摩擦的存在，气体的膨胀功将有一部分消耗于摩阻变为了热；而在反向过程中，不仅不能把正向过程中由摩阻变成的热量再转换回来变成功，反而还要再消耗额外的机械功，也就是说外界必须提供更多的功，才能使工质回到初态，这样外界就发生了变化。这将导致过程不可逆。

（3）传热无温差

热量总是自发地从高温物体传到低温物体，若过程中工质与外界发生有温差的传热，则过程不可逆。例如当外界温度高于工质温度时，工质将从外界吸热，而当工质逆向返程时，工质所放出的热量便不可能传给温度比它高的外界。因此，有热交换存在的过程，传热有温差将导致过程不可逆。

显然，任何实际的热力过程在做机械运动时不可避免地存在着摩擦，在传热时也必定存在温差。因此，实际的热力学过程都或多或少存在着各种不可逆的因素，如果使过程沿原路径逆向进行，并使工质回复到原状态，必将会给外界留下影响，这就是实际过程的不可逆性。

虽然可逆过程实际上并不存在，但它是一种有用的科学抽象，是一切实际的理想化极限模型，可逆过程可以理解为在无限小的温差下传热，在摩擦无限微弱的情况下做机械运动的过程，因而可以作为实际过程中能量转换效果比较的标准，并借以指出努力的方向。

因对不可逆过程进行分析计算相当困难，为了简便和突出主要矛盾，我们通常把实际过程当作可逆过程进行分析计算，然后再引用一些经验系数加以适当修正，从而得到实际过程的结果。这正是引出可逆过程的实际意义所在。

除特殊指明外，本书后面所分析的过程，都是指可逆过程。

最后，为了进一步说明准平衡过程和可逆过程的联系和区别，有必要对两种理想过程的概念做一比较。很明显，对工质而言，准平衡过程与可逆过程同为一系列平衡状态所组成，因此都能在热力参数坐标图上用连续的曲线来描述。但准平衡过程只是针对系统内部的状态变化而言的，只着眼于工质内部的平衡，而可逆过程则是分析工质与外界所产生的总效果，不仅工质内部是平衡的，工质与外界间的相互作用也是可逆的，即要求工质与外界随时保持热力平衡，并且不存在任何耗散效应。因此可逆过程必然是准平衡过程，而准平衡过程未必是可逆过程，它只是可逆过程的必要条件之一。

任务二　热力学第一定律实质及应用

一、热力学定律的实质

"自然界中一切物质都具有能量。能量既不可能被创造，也不可能被消灭，而只能从一种形式转换为另一种形式，在转换过程中，能量的总量保持不变。"这就是能量守恒与转换定律，它是自然界的一个基本规律。

热力学第一定律是工程热力学的基本理论之一，确立了能量传递和转换的数量，是热功分析和热功计算的主要理论依据。

历史上，热力学第一定律的发现和建立正处于资本主义发展初期，当时有人曾幻想制造一种可以不消耗能量而连续做功的设备，这种设备称为"第一类永动机"。显然，由于它违反热力学第一定律，就注定了其失败的命运。因此热力学第一定律也可以表述为：第一类永动机是不可能制造成功的。

二、系统储存能

能量是物质运动的度量，物质处于不同的运动形态，便有不同的能量形式。储存于热力系统的能量称为热力系统储存能，包括两部分：一是取决于热力系本身的热力状态的能量，称为热力学能，又称为内部储存能，简称为内能；二是与热力系宏观运动速度有关的宏观动能和热力系在重力场中所处位置有关的重力位能，它们又称为外部储存能。

（一）热力学能

热力学能是指组成热力系的大量微观粒子本身所具有的能量，它包括两部分：一是分子热运动的动能，称为内动能；二是分子间由于相互作用力所形成的位能（又称为势能），称为内位能。

通常用 U 表示 m kg 工质的热力学能，单位是 J 或 kJ。用 u 表示 1 kg 工质的热力学能，称比热力学能，单位是 J/kg 或 kJ/kg。

根据分子运动论，分子的内动能与工质的温度有关；分子的内位能主要与分子间的距离即工质的比体积有关。因此，工质的热力学能是温度和比体积的函数：

$$u = f(T,v) \tag{1-10}$$

由于工质的热力学能取决于工质的温度和比体积，即取决于工质所处的状态，因此热力学能也是工质的状态参数。在确定的热力状态下，系统内工质具有确定的热力学能；在状态变化过程中，工质热力学能的变化量完全取决于工质的初态和终态，与过程的途径无关。

到目前为止，我们尚没有一种办法能直接测定物体的热力学能。不过在实际分析和计算中，通常只需要计算热力过程中工质热力学能的变化量。

（二）外储存能

1. 宏观动能

质量为 m 的物体以速度 c 运动时，该物体具有的宏观运动动能为：

$$E_K = \frac{1}{2}mc^2 \tag{1-11}$$

2. 重力位能

在重力场中，质量为 m 的物体相对于系统外的参考坐标系的高度为 Z 时，具有重力位能为：

$$E_P = mgZ \qquad (1-12)$$

式 $(1-11)$、式 $(1-12)$ 中，c、Z 是力学参数，处于同一热力状态的物体可以有不同的 c、Z，因此，相对于储存系统内部的热力学能，系统的宏观动能和重力位能又称为外储存能。

（三）系统的总储存能

系统的总储存能 E 为热力学能与外储存能之和，即：

$$E = U + E_K + E_P = U + \frac{1}{2}mc^2 + mgZ \qquad (1-13)$$

单位质量工质的储存能（比储存能）为：

$$e = u + \frac{1}{2}c^2 + gZ \qquad (1-14)$$

显然，比储存能是取决于热力状态和力学状态的状态参数。

对于没有宏观运动，并且高度为零的系统，系统总储存能就等于热力学能，即 $e = u$。

三、热力系与外界传递的能量

在热力过程中，热力系与外界交换的能量包括功量、热量以及随工质流动传递的能量。

（一）功量

在力差作用下，热力系与外界发生的能量交换就是功量。功量也是一个过程量，只有伴随过程的进行才能发生。过程停止，热力系与外界的功量传递也相应停止。外界功源有不同的形式，如电、磁、机械装置等，相应地，功也有不同的形式，如电功、磁功、膨胀功、轴功等。工程热力学主要研究的是热能与机械能的转换，而体积变化功是热转换为功的必要途径。另外，热工设备的机械功往往是通过机械轴来传递的。因此，体积变化功与轴功是工程热力学主要研究的两种功量形式。

1. 体积变化功

由于热力系体积发生变化（增大或缩小）而通过边界向外界传递的机械

功称为体积变化功（膨胀功或压缩功），用符号 W 表示，单位为 J 或 kJ。1 kg 工质传递的体积变化功用符号 w 表示，单位为 J/kg 或 kJ/kg。热力学中一般规定：热力系体积增大，热力系对外做膨胀功，功量为正值；热力系体积减小，外界对热力系做压缩功，功量为负值。

下面通过图 1-6 所示热力系来推导可逆过程体积变化功的计算式。假设质量为 1 kg 的气体工质在气缸中进行一个可逆膨胀过程。缸内气体压力为 p，活塞的截面积为 A，则工质作用于活塞上的力为 pA。活塞在某一瞬间移动 $\mathrm{d}x$ 的微小位移，则工质对活塞所做微元功可表示为：

$$\delta w = F\mathrm{d}x = pA\mathrm{d}x = p\mathrm{d}v \tag{1-15}$$

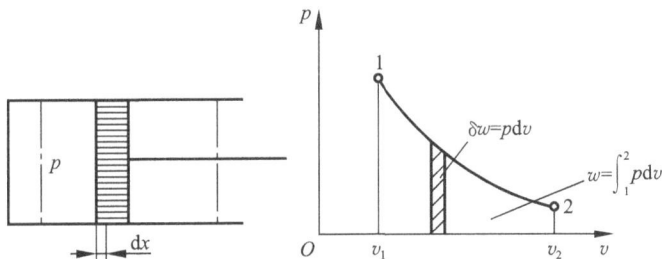

图 1-6 可逆变化过程的体积变化功

当气体从状态 1 可逆膨胀到状态 2 时，热力系对外界所做的膨胀功即为 δw 沿过程 1-2 的积分，即：

$$w_{1-2} = \int_1^2 p\mathrm{d}v \tag{1-16}$$

式中 w_{1-2} 为单位质量气体在 1-2 可逆过程中做的膨胀功。

由式（1-16）可以看出，可逆过程中工质所做的体积变化功可以用 $p-v$ 图（即图 1-6）上过程线 1-2 下面的区域 $12v_2v_1 1$ 的面积来表示，故 $p-v$ 图又称为示功图，不同的过程曲线对应的膨胀功的数值是不同的，所以功量也是一个过程量。

若系统中气体的质量为 m kg，则膨胀功为：

$$W_{1-2} = m\int_1^2 p\mathrm{d}v = \int_1^2 p\mathrm{d}V \tag{1-17}$$

2. 轴功

热力系通过机械轴与外界交换的功量称为轴功。轴功用符号 W_s 表示，单位为 J 或 kJ，1 kg 工质传递的轴功用符号 w_s 表示，单位为 J/kg 或 kJ/kg。热力学中一般规定：热力系向外输出的轴功为正值；外界输入热力系的轴功为负值。

轴功在不同的热力系中其特点不同。如图1-7（a）所示，外界功源向刚性绝热封闭热力系输入轴功，通过摩擦，该轴功转换成热量而被热力系工质吸收，使热力系的热力学能增加。由于刚性容器中的工质不能膨胀，热量不可能自动地转换成机械功，所以刚性绝热封闭热力系不可能向外界输出轴功。

开口热力系与外界可以任意地交换轴功，即热力系既可接受输入的轴功，也能向外输出轴功，如图1-7（b）所示。常见的叶轮式机械，例如，燃气轮机、蒸汽轮机向外界输出轴功，而风机、压缩机则接受外界输入的轴功。

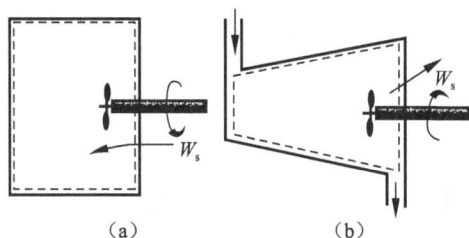

(a)   (b)

图1-7 轴功示意图

（a）闭口热力系的轴功特点；（b）开口热力系的轴功特点

在工程上，为了比较热机的做功能力，常用单位时间所做的功，这就是功率。功率的单位是 W 或 kW，$1\ W = 1\ J/s$。

（二）热量

热量是热力系和外界之间仅仅由于温度不同而通过边界所传递的能量。热量和功一样，都不是状态参数，而是过程量，其大小都与所经历的过程有关，且过程一旦结束，热力系与外界之间就不再传递热量了。

热量的符号用 Q 表示。国际单位制中，热量的单位采用 J（焦耳）或 kJ（千焦）。1 kg 质量的工质与外界交换的热量用 q 表示，单位为 J/kg。

热力学中规定，系统吸热时，热量值取为正，系统放热时值为负。

既然热量是系统与外界间由于存在温差而传递的能量，则温度 T 就可以看作是传热的推动力，只要系统与外界存在微小的温差，就有热量的传递；比体积 v 也必然存在某一状态参数，它的变化量可以看作系统与外界有无热量传递的标志，我们定义这个状态参数为熵，用符号 S 表示。单位质量物质的熵称为比熵，用符号 s 表示。比熵增大标志系统从外界吸热，比熵减小标志系统向外界传热，比熵不变则标志热力系统与外界无热交换。

因此，与功的关系式相应，在可逆过程中，热力系与外界交换的热量 q 可用如下数学表达式来描述，即：

$$\delta q = Tds$$

$$q = \int_1^2 Tds \tag{1-18}$$

式中，δq 为单位质量工质在微元可逆过程中与外界所传递的微小热量；T 为传热时工质的温度；ds 为该微元可逆过程中工质比熵的微小变化量。

由此可得状态参数比熵的定义式为：

$$ds = \frac{\delta q}{T} \tag{1-19}$$

式（1-19）所表达的意思是，在微元可逆过程中，系统与外界交换的微小热量 δq 除以传热时系统的热力学温度所得的商，即为热力系的熵的微小变化量（ds）。

如果组成热力系的工质质量为 m，则系统与外界交换的热量的计算式为：

$$\delta Q = Tds$$

$$Q = \int_1^2 Tds \tag{1-20}$$

比熵的单位为 $J/(kg \cdot K)$，熵的单位为 J/K。

与 $p-v$ 图相对应地有 $T-s$ 图，也称温熵图。如图 1-8 所示，以绝对温度 T 为纵坐标，以比熵 s 为横坐标构成 $T-s$ 图（温熵图）。在 $T-s$ 图中，热量 q 的值为过程曲线 1-2 下的区域 $12s_2s_11$ 的面积，$ds > 0$ 标志热力系从外界吸热，热量为正值；$ds < 0$ 标志热力系向外界放热，

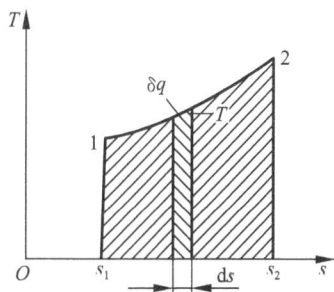

图 1-8 $T-s$ 图

热量为负值；$ds = 0$ 表示热力系既不吸热也不放热，所以温熵图又称示热图。

（三）随工质流动传递的能量

开口热力系在运行时，存在工质的流入、流出，它们在经过边界时携带一部分能量同时流过边界，这类能量包括两部分：流动工质本身具有的储存能和流动功（推动功）。

1. 流动工质本身具有的储存能

包括工质的热力学能、宏观动能和重力位能：

$$E = U + E_K + E_P = U + \frac{1}{2}mc^2 + mgZ$$

或
$$e = u + \frac{1}{2}c^2 + gZ \qquad (1-21)$$

2. 流动功（推动功）

工质在流动过程中必然会对其前面的流体产生一定的推力，从而对其做功。这样工质在通过控制体界面时，热力系与外界就会有功量交换，这部分功就称为流动功或推动功。因此，流动功是为推动工质通过控制体界面而传递的机械功，它是维持工质正常流动所必须传递的能量。流动功用符号 W_f 表示，单位为 J 或 kJ，1 kg 工质所做的流动功用 w_f 表示，单位为 J/kg 或 kJ/kg。

如图 1-9 所示，假设有微元质量为 dm 的工质将要进入控制体，在控制体界面 1—1 处流体的状态参数为：压力为 p_1、比体积为 v_1、管道截面积为 A_1，当工质流过界面 1—1 时必将从 1—1 左面的流体得到一定数量的流动功。根据力学中功的概念：流动功 = 力 × 位移，则：

$$\delta W_f = pAdx = pdV = pvdm \qquad (1-22)$$

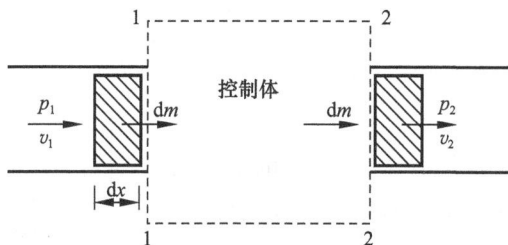

图 1-9　流动功示意图

对于单位质量工质而言：

$$w_f = \frac{\delta W_f}{dm} = pv \qquad (1-23)$$

上式表明，推动 1 kg 工质进入控制体内所需的流动功，可按入口界面处的状态参数 $p_1 v_1$ 来计算。同理，将 1 kg 工质推出控制体所需的流动功可按出口界面处状态参数 $p_2 v_2$ 来计算。则 1 kg 工质流入和流出控制体的净流动功为：

$$\Delta w_f = p_2 v_2 - p_1 v_1 \qquad (1-24)$$

从式（1-23）、式（1-24）可以看出，流动功是一种特殊的功，其数值取决于控制体进出口界面上工质的热力状态。

（四）焓及其物理意义

流动工质传递的总能量应包括工质本身储存能和流动功两部分，即：

$$U + \frac{1}{2}mc_f^2 + mgZ + pV$$

或

$$u + \frac{1}{2}c_f^2 + gZ + pv \qquad (1-25)$$

其中 u 和 pv 取决于工质的热力状态，为了简化计算，热力学中引入一个新的物理量——焓。

令

$$H = U + pV \qquad (1-26)$$

单位质量的焓称为比焓，以符号 h 表示，即：

$$h = u + pv \qquad (1-27)$$

式中，H 称为焓，单位为 J 或 kJ；h 称为比焓，单位为 J/kg 或 kJ/kg。由于 u，p，v 都是状态参数，因此焓也是状态参数。

焓在热力学中是一个非常重要而常用的状态参数。在开口热力系中，流动工质的焓是热力学能和流动功之和，它表示工质在流动过程中携带的由其热力状态决定的那部分能量；在封闭热力系中，由于没有工质的流进和流出，pv 不代表流动功。所以，焓只表示由热力学能、压力和比体积组成的一个复合状态参数。

引入状态参数焓后，流动工质传递的能量可表示为：

$$H + \frac{1}{2}mc_f^2 + mgZ$$

或

$$h + \frac{1}{2}c_f^2 + gZ \qquad (1-28)$$

焓的物理意义可以从它的定义式看出。工质在流动过程中，携带着热力学能、推动功、动能和位能四部分能量，其中只有热力学能和推动功取决于工质的热力状态。因此可以说，焓是工质流经开口系时所携带的总能量中取决于热力状态的那部分能量。如果工质的动能和位能可以忽略不计，则焓就表示随工质流动而转移的总能量。

同热力学能一样，焓的值无法用仪表测定，但在实际分析和计算中通常只需要计算热力过程中工质焓的变化量。

四、能量方程式及其应用

为了求得能量转换的基本数量关系，我们不能仅满足于对热力学第一定律的文字表达，而必须导出其数学表达式。对于任何热力系，根据热力学第一定律关于能量的"量"守恒的原则，都可以建立能量平衡关系式，其一般的表达式为：

　　　　输入系统的能量 – 输出系统的能量 = 系统总储存的变化量

此式反映了一切热力过程的共同特性，但对于不同的系统，其具体的表达形式可以不一样。

（一）闭口系能量方程式

在闭口系中，系统与外界没有质量交换，只通过边界与外界发生能量交换。即系统与外界传递热量 Q 和做功 W。与此同时，系统的状态发生变化，系统本身的能量 E 也相应有所变化。

以图 1–10 所示的气缸为例。气缸中的气体从平衡状态 1 开始受热膨胀，经历一个热力过程后变化到平衡状态 2。现取封闭在气缸 – 活塞中的气体为热力系，过程中外界输入系统的能量为外界加入系统的热量 Q，由系统输出的能量为系统对外界所做的膨胀功 W，于是根据热力学第一定律的能量守恒原理，可得闭口系能量方程式为：

$$Q - W = E_2 - E_1 \tag{1–29}$$

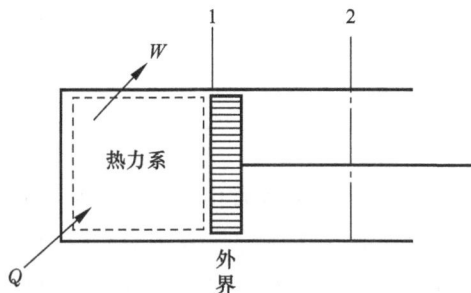

图 1–10　闭口系

一般情况下，闭口系不做整体位移，系统的宏观动能和宏观位能均无变化，即系统总储存能中的 E_K 和 E_P 的变化均为零。因此闭口系能量方程式常

可表示为:

$$Q = \Delta U + W \qquad (1-30)$$

对于 1 kg 工质,可写作:

$$q = \Delta u + w \qquad (1-31)$$

上述三个公式中,各项的正负号规定为:系统吸热为正,放热为负;系统对外界做功为正,外界对系统做功为负。

上述三个公式都可称为闭口系的能量方程式,各式在推导过程中对工质的性质及热力过程的性质都没有做任何规定,因而适用于一切工质和过程,是一个普遍适用的关系式。它们说明:在热力过程中,热力系从外界吸收的热量,一部分用于增加系统的热力学能储存于热力系内部,另一部分用于对外膨胀做功。

显然,要把热能转变为机械能,必须通过工质体积的膨胀才能实现。因此,工质膨胀做功是热能转变为机械能的根本途径。

由于闭口系的能量方程式反映了热力学能和机械能转换的基本原理和关系,常称其为热力学第一定律基本表达式。

对于可逆过程,上述各式又可写为:

$$Q = \Delta U + \int_1^2 p\mathrm{d}V \qquad (1-32)$$

$$q = \Delta u + \int_1^2 p\mathrm{d}v \qquad (1-33)$$

【例 1-2】 对于 12 kg 的气体在封闭热力系中吸热膨胀,吸收的热量为 140 kJ,对外做了 95 kJ 的膨胀功。问该过程中气体的热力学能是增加还是减少?每千克气体热力学能变化多少?

解:根据公式 (1-30) 得:

$$\Delta U = Q - W = 140 - 95 = 45(\mathrm{kJ})$$

由于 $\Delta U = 45$ kJ > 0,故气体的热力学能增加。每千克气体热力学能的增加量为:

$$\Delta u = \frac{\Delta U}{m} = \frac{45}{12} = 3.75(\mathrm{kJ/kg})$$

【例 1-3】 一定量空气在状态变化过程中对外放热 60 kJ,热力学能增加 70 kJ,问空气是膨胀还是被压缩?功量是多少?

解:虽然不知道过程发生的具体细节,但是肯定不会违背能量守恒。

根据

$$Q = \Delta U + W$$

所以

$$W = Q - \Delta U = -60 - 70 = -130(\text{kJ})$$

根据计算结果，膨胀功小于 0，说明外界对定量空气做功，即空气被压缩。

（二）开口系稳定流动的能量方程式及其应用

1. 稳定流动的能量方程式

在正常运行工况或设计工况下，实际的热力设备都是在稳定条件下工作的。例如汽轮机经常保持稳定的输出功率，蒸汽在流经汽轮机时，其热力学状态参数、流速和流量等均不随时间而变化。我们常把热力系内部及边界上各点工质的热力参数和运动参数都不随时间而变化的流动称为稳定流动。

根据稳定流动的定义，要使流动过程达到稳定，必须满足以下条件：

① 系统内部及边界各点工质的状态不随时间而变。

② 进、出热力系的工质质量流量相等且不随时间而变，满足质量守恒。

③ 系统内储存的能量保持不变，单位时间内输入系统的能量等于从系统输出的能量，满足能量守恒。

图 1-11 为一典型的开口系统。工质不断地经由 1—1 截面进入系统，同时系统不停地从外界吸取热量，并不断地通过轴对外界输出轴功，做功后的工质则不断地通过 2—2 截面流出系统，系统与外界之间存在质量、热量和轴功的交换。

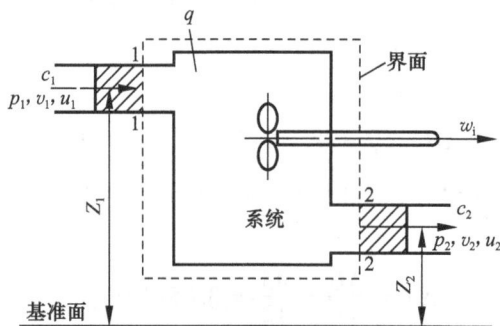

图 1-11   稳定流动的开口系

现假定此开口系为一稳定流动系统。设单位时间内有 m kg 工质由 1—1

截面进入系统。进口状态参数为：p_1、v_1、T_1、u_1、h_1，流速为 c_1，进口截面 1—1 的截面积为 A_1，其中心距基准面的高度为 Z_1。同时经由截面 2—2 离开系统的工质的参数相应为：p_2、v_2、T_2、u_2、h_2，流速为 c_2，出口截面 2—2 的截面积为 A_2，其中心距基准面的高度为 Z_2。

则在单位时间内 m kg 工质经进口截面 1—1 流入热力系时带进系统的能量有：工质的焓 H_1；工质的宏观动能 $\frac{1}{2}mc_1^2$；工质的重力位能 mgZ_1。

同理，单位时间内 m kg 工质经出口截面 2—2 流出热力系时带出系统的能量有：焓 H_2；动能 $\frac{1}{2}mc_2^2$；位能 mgZ_2。

此外，在单位时间内，外界向系统加入热量 Q，系统向外界输出轴功 W_s。根据能量守恒原理，可以列出能量平衡方程式：

$$H_1 + \frac{1}{2}mc_1^2 + mgZ_1 = H_2 + \frac{1}{2}mc_2^2 + mgZ_2 + W_s$$

整理后可写为：

$$Q = m\left[(h_2 - h_1) + \frac{1}{2}(c_2^2 - c_1^2) + g(Z_2 - Z_1)\right] + W_s \quad (1-34)$$

对单位工质可写为：

$$q = \Delta h + \frac{1}{2}\Delta c^2 + g\Delta Z + w_s \quad (1-35)$$

式（1-34）、式（1-35）即热力学第一定律应用于工质在开口系内稳定流动时的数学表达式，称为稳定流动的能量方程式，它适用于任何工质、任何稳定流动过程。从上述公式可以看出，稳定流动过程中，热力系从外界吸收的热量，一部分用于增加流动工质的焓值，一部分用于增加流动工质的动能和位能，其余部分用于对外输出轴功。

2. 技术功

式（1-35）可改写为：

$$q - \Delta u = \Delta(pv) + \frac{1}{2}\Delta c^2 + g\Delta Z + w_s \quad (1-36)$$

将上式与热力学第一定律的基本表达式 $q - \Delta u = w$ 进行比较，得到稳定流动系统中工质的体积变化功，可以描述为：

$$w = \Delta(pv) + \frac{1}{2}\Delta c^2 + g\Delta Z + w_s \quad (1-37)$$

前面曾讲过，工质体积膨胀是热变功的根本途径。无论闭口系还是开口系，其热变功的实质都是一样的，都是通过工质的体积膨胀来实现热能转变为机械能，只不过对外表现的形式不同。在闭口系中，工质的体积变化功表现为：维持工质流动所必须支付的流动净功、工质本身动能和位能的增加、对外输出的轴功。

分析式（1−37）可知，体积变化功中除了第一项是用来维持工质流动所必须支付的功外，动能 $\frac{1}{2}\Delta c^2$，位能变化 $g\Delta Z$ 及轴功 w_s 均是技术上可以利用的能量，工程上常将此三项统称为技术功，用 w_t 表示，即：

$$w_t = \frac{1}{2}\Delta c^2 + g\Delta Z + w_s \qquad (1-38)$$

则式（1−37）可写为：

$$w = \Delta(pv) + w_t \qquad (1-39)$$

式（1−39）说明，技术功是由热能转换所得的体积变化功扣除流动净功后得到的。

对于可逆的稳定流动过程，技术功为：

$$\delta w_t = \delta w - \mathrm{d}(pv) = p\mathrm{d}v - (p\mathrm{d}v + v\mathrm{d}p) = -v\mathrm{d}p$$

$$w_t = -\int_1^2 v\mathrm{d}p \qquad (1-40)$$

式（1−40）表示，技术功的正负取决于过程中压力的变化，等号右侧负号说明技术功的正负与 $\mathrm{d}p$ 相反。当压力增高即 $\mathrm{d}p$ 为正时技术功为负，即外界对工质做技术功，如水泵、风机、空气压缩机等均属此类情况；反之，压力降低即 $\mathrm{d}p$ 为负时技术功为正，系统对外界做功，汽轮机就属此类情况。

显然，技术功也是过程量，其值取决于过程的初、终状态及过程的特性。

在 $p-v$ 图上，可逆过程的技术功可以用过程线 1−2 与纵坐标轴之间围成的面积来表示，如图 1−12 所示。

引入技术功的概念后，稳定流动能量方程式（1−35）又可写为：

$$q = \Delta h + w_t \qquad (1-41)$$

对于可逆的稳定流动过程，能量方程式可表示为：

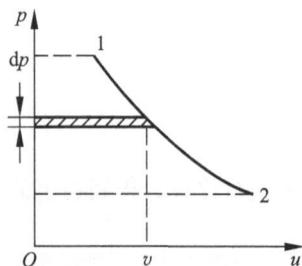

图 1−12　技术功

$$q = \Delta h - \int_1^2 v\mathrm{d}p \qquad (1-42)$$

3. 稳定流动的能量方程式应用举例

稳定流动的能量方程式反映了工质在稳定流动过程中能量转换的一般规律，它广泛应用于各种不同的热力设备中。在分析具体问题时，对不同的热力设备和热力过程，可根据实际过程的具体情况，对能量方程式做出合理简化，得到更加简单明了的表达形式。现以火电厂中的几种典型热力设备为例说明稳定流动能量方程式的具体应用。

（1）热力发动机

汽轮机、燃气轮机等热力发动机是将热能转换为机械能的设备，如图 1-13 所示。工质流经热机时发生膨胀，对外输出轴功。在正常工况下运行时，热机的输出功率是稳定不变的，工质流经热机的过程可视为稳定流动过程。

由于工质进、出此类设备时动能相差不大，可以认为 $\frac{1}{2}(c_2^2 - c_1^2) \approx 0$；进出口高度差很小，使重力位能之差也极小，可忽略，即 $g(Z_2 - Z_1) \approx 0$；工质流经热机所需的时间极短，工质向外的散热量很少，所以通常可以

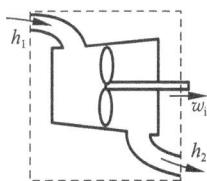

图 1-13　汽轮机或燃气轮机示意图

认为 $q \approx 0$。因此，稳定流动的能量方程式（1-35）用于热机时可简化为：

$$w_\mathrm{s} = h_1 - h_2 \qquad (1-43)$$

在许多情况下，能量转换设备的进口和出口的离地高度相差不大，两处工质的流速也较相近，所以进出口工质的动能和重力位能的变化均可以忽略不计。由式（1-38）可得：

$$w_\mathrm{s} = w_\mathrm{t} \qquad (1-44)$$

此时稳定流动的开口系的轴功即等于技术功。

（2）换热器

火电厂的换热设备很多，如锅炉、凝汽器、回热加热器和冷油器等。这类设备的主要任务是传递热量，将热量从温度较高的流体传给温度较低的流体。

工质流经锅炉、过热器等换热器时，和外界有热量交换而无功量交换，进、出口的动能、位能差也可忽略不计，即 $w_\mathrm{s} = 0$，$\frac{1}{2}(c_2^2 - c_1^2) \approx 0$，$g(Z_2 - Z_1) \approx$

0。因此稳定流动的能量方程式（1-35）用于换热器时就简化为：

$$q = h_1 - h_2 \qquad (1-45)$$

可见，工质在锅炉等换热器中流动时，吸收的热量等于其焓值的增加。

（3）泵与风机

泵与风机是用来输送工质的设备，并消耗轴功提高工质的压力。工质流经泵与风机时外界对工质做功（$-w_s$）。一般情况下，进出口动能差和位能差可忽略，即 $\frac{1}{2}(c_2^2 - c_1^2) \approx 0$，$g(Z_2 - Z_1) \approx 0$；而对外散热也很小，可以忽略，即 $q \approx 0$。由此，能量方程式（1-35）可简化为：

$$-w_s = h_1 - h_2 \qquad (1-46)$$

即工质在泵与风机中被压缩，消耗的轴功等于工质的焓增。

（4）喷管

喷管是使流体降压增速的特殊短管。由于气流通过喷管时速度很快，来不及与外界交换热量，可认为流体进行的是绝热稳定流动；由于管内流动无转动机械，气流流过喷管时对外无轴功输出；同时，进、出口位能差亦可忽略。即 $q = 0$，$w_s = 0$，$g(Z_2 - Z_1) \approx 0$。因此，稳定流动能量方程式可简化为：

$$\frac{1}{2}(c_2^2 - c_1^2) = h_1 - h_2 \qquad (1-47)$$

可见，喷管中气体动能的增加是由气流进出口的焓降转换而来的。

通过上述各例的分析可以看出，在不同的情况下，稳定流动的能量方程式可以简化成不同的形式。因此，如何根据实际过程的具体特点做出相应的简化，是正确运用稳定流动能量方程式的前提。

【例1-4】 已知蒸汽进入汽轮机时的焓值 $h_1 = 3\,300$ kJ/kg，流速 $c_1 = 50$ m/s；蒸汽流出汽轮机时的焓值 $h_2 = 2\,300$ kJ/kg，流速 $c_2 = 120$ m/s；散热损失和位能差略去不计。求当蒸汽量为 10×10^3 kg/h 时，汽轮机的功率 $P(\mathrm{kW})$。

解：热力系：汽轮机；条件：$q = 0$，$g\Delta Z = 0$。

根据稳定流动能量方程式则有：

$$w_s = (h_1 - h_2) - \frac{1}{2}(c_2^2 - c_1^2)$$

$$= (3\,300 - 2\,300) - \frac{1}{2} \times (120^2 - 50^2) \times 10^{-3} = 994(\mathrm{kJ/kg})$$

因 $W_s = mw_s$，且流量 $q_m = 1 \times 10^4$ kg/h，所以蒸汽每小时在汽轮机中所做的轴

功为：

$$W_s = q_m w_s = 1 \times 10^4 \times 994 = 9.94 \times 10^6 (\text{kJ})$$

汽轮机的功率为：$P = \dfrac{W_s}{t} = \dfrac{9.94 \times 10^6}{3\,600} = 2.76 \times 10^3 (\text{kW})$

若忽略蒸汽进、出口动能变化，单位质量蒸汽对外输出功的增加量为：

$$\frac{1}{2}(c_2^2 - c_1^2) = \frac{1}{2} \times (120^2 - 50^2) \times 10^{-3} = 5.95(\text{kJ/kg})$$

由此引起的相对误差为：

$$\frac{1}{2}(c_2^2 - c_1^2) = \frac{1}{2} \times (120^2 - 50^2) \times 10^{-3} = 5.95(\text{kJ/kg})$$

$$\frac{5.95 \ \text{kJ/kg}}{994 \ \text{kJ/kg}} = 0.6\%$$

讨论：

① 忽略动能差对汽轮机功率影响不大，约为 0.6%。

② 在代入数据时，要注意各量的单位统一，例如 h 的单位为 kJ/kg，而 $\frac{1}{2}m\Delta c^2$ 的单位为 J/kg，所以必须换算。

③ 功率的单位为 kW（kJ/s），q_m 的单位为 kg/s，功 w_s 的单位为 kJ/kg，因此，$P = q_m w_s$ 在量纲上是一致的。

任务三 理想气体的热力性质及基本热力过程分析

一、理想气体及其状态方程式

（一）实际气体与理想气体

自然界中存在的气体称为实际气体，其分子具有一定的体积，相互之间具有作用力。实际气体的性质复杂，很难找出其分子运动的规律，在热力学中，为简化分析计算，提出了理想气体这一概念。

理想气体是一种实际上不存在的假想气体，它的分子是弹性的，不占体积的质点，分子之间没有相互作用力。这种气体性质简单，便于用简单的数学关系式进行分析计算。

当实际气体的温度较高，压力较低，远离液态时，气体的比体积较大。此时气体分子本身的体积比气体所占的体积小得多，气体分了之间的作用力也比较小，可以忽略分子本身的体积和分子之间的相互作用力，将其当作理想气体来处理。如燃气、烟气及常温常压下的空气等一般都可以按理想气体进行分析和计算，并能保证满意的精确度。

而当实际气体的比体积较小，离液态较近时，则不能当作理想气体来处理。如蒸汽动力装置中使用的工质水蒸气，其性质就十分复杂，我们将在后面专门予以介绍。

（二）理想气体状态方程式

当理想气体处于任一平衡状态时，三个基本状态参数 p、v、T 之间的数学关系式为：

$$pv = R_g T \tag{1-48}$$

式中，p 为气体的绝对压力，Pa；v 为气体的比体积，m^3/kg；T 为气体的热力学温度，K；R_g 为气体常数，$J/(kg \cdot K)$。

式（1-48）称为理想气体状态方程式，它简单明了地反映了平衡状态下理想气体基本状态参数之间的具体函数关系，该式是对 1 kg 气体而言的。

气体常数 R_g 是仅取决于气体种类的恒量，与气体所处的状态无关。也就是说，对于同一种气体，无论在什么状态下，气体常数 R_g 的值恒为常量，而不同种类的气体 R_g 值则不同。

由上式可知，对指定的气体，在某一状态时，若气体的 p、v、T 中任意两个参数为已知，则第三个参数就可由状态方程解得。这就是说，一定状态下的气体，只要知道三个基本状态参数中的任意两个，气体的状态就确定了。即已知两个独立的状态参数就可以确定为一个状态。

在利用式（1-48）确定理想气体的状态参数时，因气体常数 R_g 的值随气体种类的不同而不同，使公式应用起来极不方便，故我们希望找到一个气体状态和气体种类都无关的常数以方便使用。

上式两边若同乘以千摩尔质量 M（kg/kmol），则得以 1 kmol 物质的量表示的状态方程为：

$$pV_m = RT \tag{1-49}$$

式中，$V_m = Mv$ 为气体的千摩尔体积，$m^3/kmol$；$R = MR_g$ 为通用气体常数，$J/(kmol \cdot K)$。

根据阿伏伽德罗定律：在同温同压下，任何气体的千摩尔体积都相等。故 R 是与气体种类和气体状态都无关的常数，称其为通用气体常数。

通用气体常数 R 的值可以通过任何一种气体在任一状态下的方程式来确定，我们通常取理想气体在标准状态下来计算其值。已知在标准状态（压力为 $1.013\,525\times10^5$ Pa，温度为 0 ℃）下，1 kmol 任何气体所占有的容积均为 22.4 m³。故有：

$$R = \frac{p_0 V_{m0}}{T_0} = \frac{1.013\,25\times10^5\times22.4}{273.15} = 8\,314[\mathrm{J/(kmol\cdot K)}]$$

显然，气体常数 R_g 和通用气体常数 R 之间的关系为：

$$R_g = \frac{R}{M} = \frac{8\,314}{M}[\mathrm{J/(kg\cdot K)}] \qquad (1-50)$$

对于任意理想气体，只要分子量已知，就可以方便地利用上式求得它的气体常数 R_g。例如，已知空气的分子量为 28.96，则其千摩尔质量为 $M = 28.96$ kg/kmol，根据上式可得空气的气体常数为：

$$R_g = \frac{R}{M} = \frac{8\,314}{M} = \frac{8\,314}{28.96} = 287[\mathrm{J/(kg\cdot K)}]$$

对于 m kg 的气体，式（1-48）两边同时乘以气体的质量 m kg，则得：

$$pV = mR_gT \qquad (1-51)$$

利用式（1-51）不但可以求得基本状态参数，而且在 p、V、T 已知时还可以求取气体的质量。

若一定量的气体，其状态发生了变化，则有：

$$\frac{p_1 V_1}{T_1} = \frac{p_2 V_2}{T_2} \qquad (1-52)$$

式（1-48）、式（1-51）、式（1-52）是理想气体状态方程的不同表达形式。

【例 1-5】　一钢瓶的容积为 0.03 m³，其内装有压力为 0.7 MPa、温度为 20 ℃的氧气。现由于被使用，压力降至 0.28 MPa，而温度未变。问钢瓶内的氧气被用去了多少？

解： 根据题意，钢瓶中氧气使用前后的压力、温度和体积都已知，故可以运用理想气体状态方程式求得所使用的氧气质量。

氧气处于初状态 1 时的状态方程为 $p_1 V = m_1 R_g T$，故初态 1 时氧气质量为：

$$m_1 = \frac{p_1 V}{R_g T}$$

氧气处于终态 2 时的状态方程为 $p_2 V = m_2 R_g T$，故终态 2 时的氧气质量为

$$m_2 = \frac{p_2 V}{R_g T}$$

被用去的氧气质量为：

$$\Delta m = m_1 - m_2 = \frac{p_1 V}{R_g T} - \frac{p_2 V}{R_g T} = \frac{(p_1 - p_2) V}{R_g T}$$

$$= \frac{(0.7 - 0.28) \times 10^6 \times 0.03}{\dfrac{8\,314}{32} \times (20 + 273.15)} = 0.165\,6 (\text{kg})$$

【例1-6】 某 300 MW 机组锅炉燃煤所需的空气质量在标准状态下其送风量为 120×10^3 m³/h，送风机实际送入的空气温度为 27 ℃，出口压力表的读数为 5.4×10^3 Pa。当地大气压力为 0.1 MPa，求送风机的实际送风量（m³/h）。

解： 由状态方程式（1-52）知　$\dfrac{pV}{T} = \dfrac{P_0 V_0}{T_0}$

实际送风量为：

$$V = \frac{p_0 V_0 T}{T_0 P} = \frac{101\,325 \times 120 \times 10^3 \times (273.15 + 27)}{273.15 \times (0.1 \times 10^6 + 5.4 \times 10^3)} = 127 \times 10^3 \ (\text{m}^3/\text{h})$$

二、理想气体的比热容

气体的比热容是气体的重要物性参数。在分析热力过程时，气体与外界交换的热量的计算常涉及气体的比热容，而且气体的热力学能，焓和熵的有关分析计算也与气体的比热容有密切的关系。

（一）比热容的定义及单位

物体温度升高（或降低）1 K 所吸收（或放出）的热量，称为该物体的热容量，单位为 kJ/K。

单位物量的物质温度升高（或降低）1 K，所加入（或放出）的热量称为该物体的比热容。其定义式为：

$$c = \frac{\delta q}{\mathrm{d} T} \quad \text{或} \quad c = \frac{\delta q}{\mathrm{d} t} \tag{1-53}$$

根据物量单位的不同，比热容常有下列三种：

① 质量热容：以质量千克作为气体计量物量的单位。使 1 kg 气体温度变化 1 K 时所吸收（或放出）的热量称为质量热容，用符号 c 表示，单位为 kJ/(kg·K)；

② 容积热容：以标准状态下 1 m³ 气体的体积作为计量物量的单位。使 1 标准 m³ 气体温度变化 1 K 时所吸收（或放出）的热量称为容积热容。用符号 c′ 表示，单位为 kJ/（标准 m³·K）。

③ 千摩尔热容：以千摩尔作为气体计量物量的单位。使 1 kmol 气体温度变化 1 K 时所吸收（或放出）的热量称为千摩尔热容。用符号 C_m 表示，单位为 kJ/（kmol·K）。

三者之间的换算关系如下：

$$C_m = Mc = 22.4c' \tag{1-54}$$

（二）影响比热容的因素

不同种类的气体，由于其物理性质不同，因此比热容的值不同。即使是同种气体，比热容的值还与气体所经历的热力过程和温度有关。下面简单介绍影响比热容的主要因素。

1. 热力过程特性对比热容的影响

热量是一个过程量，比热容是用来表示过程中物质吸收（或放出）热量多少的物性参数，所以气体的比热容也与热力过程的特性有关。在热力过程中，最常见的情况是在容积不变或压力不变的条件下加热，分别称为定容加热过程或定压加热过程。因此，比热容相应地分为比定容热容和比定压热容。

单位质量气体在定容过程中（即容积不变）温度变化 1 K（或 1 ℃）所需要吸收或放出的热量称为比定容热容，也称为质量定容热容，用符号 c_V 表示。其表达式为：

$$c_V = \frac{\delta q_V}{dT} \quad 或 \quad c_V = \frac{\delta q_V}{dt} \tag{1-55}$$

按所取的物量单位不同，可以有定容质量热容 c_V、定容容积热容 c'_V 和定容千摩尔热容 $C_{V,m}$。

单位质量的气体在压力不变的条件下温度变化 1 K（或 1 ℃）所吸收（或放出）的热量称为比定压热容，用符号 c_p 表示。其表达式为：

$$c_p = \frac{\delta q_p}{dT} \quad 或 \quad c_V = \frac{\delta q_p}{dt} \tag{1-56}$$

按所取得物量单位不同，可以有定压质量热容 c_p、定压容积热容 c'_p 和定压千摩尔热容 $C_{p,m}$。

在一定的温度下，同一种气体的 c_V 和 c_p 的值并不相等，且 c_p 总比 c_V 大一些。在定容过程中，气体不能膨胀做功，加入的热量完全用来增加气体分子的热力学能，使气体温度升高；在定压过程中，气体可以膨胀做功，加入的热量除用来增加气体分子的内动能外，还应克服外力而做功。显然对同样质量的气体升高同样的温度，在定压过程中所需加入的热量要比定容过程多。

理想气体比定压热容与比定容热容之间的关系为：

$$c_p - c_V = R_g \tag{1 - 57}$$

将上式两边同乘以千摩尔质量 M，可得：

$$C_{p,m} - C_{V,m} = R \tag{1 - 58}$$

$C_{p,m}$，$C_{V,m}$ 分别称为定压千摩尔热容和定容千摩尔热容，二者的差值等于通用气体常数。式（1 - 57）、式（1 - 58）就是著名的迈耶公式。

此外，理想气体比定压热容与比定容热容的比值在热力学理论研究和工程计算方面也是一个重要的参数，以 k 表示，称为等熵指数：

$$k = \frac{c_p}{c_V} \tag{1 - 59}$$

2. 温度对比热容的影响

实验和理论证明，当温度不同时，气体的比热容也不相同。一般情况下，气体的比热容随温度的升高而升高。例如空气在定压加热过程中，100 ℃时，$c_p = 1.006$ kJ/(kg·K)；而 1 000 ℃时，$c_p = 1.09$ kJ/(kg·K)。比热容与温度的关系可表示为一曲线关系：

$$c = f(t) = a + bt + et^2 \tag{1 - 60}$$

式中，系数 a、b、e 等是与气体的性质有关的常数，可从物性手册中查到。

相应于每一确定温度下的比热容称为气体的真实比热容，不同的温度对应有不同的真实比热容，只有在温度不太高时，比热容随温度的变化不大，方可忽略温度的影响。

（三）利用比热容计算热量

当气体的种类和加热过程确定后，比热容就只随温度的变化而变化。由比热容的定义式（1 - 56）可得：

$$\delta q = c\mathrm{d}T \tag{1 - 61}$$

这样，温度从 T_1 变到 T_2 所需的热量为：

$$q = \int_1^2 c\,\mathrm{d}T = \int_1^2 f(T)\,\mathrm{d}T \qquad (1-62)$$

由于比热容与温度是曲线关系，所以热量的计算十分复杂。

为了简便，常使用气体的定值比热容和平均比热容来计算它所吸收或放出的热量。

1. 用定值比热容计算热量

在精确要求不高或温度范围变化不大时，常常忽略温度对比热容的影响，取比热容为定值，这种不考虑温度影响的比热容称为定值比热容。根据分子运动论的观点，对于理想气体，凡分子中原子数目相同的气体，其千摩尔热容相同且为定值，其值如表 1-1 所示。

表 1-1　理想气体定值千摩尔热容

定值千摩尔热容	单原子气体	双原子气体	多原子气体
$C_{V,m}$	$\dfrac{3}{2}R$	$\dfrac{5}{2}R$	$\dfrac{7}{2}R$
$C_{p,m}$	$\dfrac{5}{2}R$	$\dfrac{7}{2}R$	$\dfrac{9}{2}R$

知道了定值千摩尔热容的值，可根据式 (1-54) 换算出气体的定值质量热容 c 及定值容积热容 c'。则气体从 T_1 变到 T_2 所需的热量为：

$$q = \int_1^2 c\,\mathrm{d}T = c\int_1^2 \mathrm{d}T = c(T_2 - T_1) \qquad (1-63)$$

$$q = \int_1^2 c'\,\mathrm{d}T = c'\int_1^2 \mathrm{d}T = c'(T_2 - T_1) \qquad (1-64)$$

对于 m kg 质量气体，所需热量为：

$$Q = mc(T_2 - T_1) \qquad (1-65)$$

对标准状态下 V_0 m³ 气体，所需热量为：

$$Q = V_0 c'(T_2 - T_1) \qquad (1-66)$$

在已知气体分子量和组成气体分子的原子数目时，可从表 1-1 中查出气体的定值千摩尔热容，先换算出质量热容或容积热容，再利用式 (1-65) 或式 (1-66) 进行热量计算。

在实际计算中，应注意根据加热过程来确定是选用比定压热容还是比定容热容，同时还需与采用的物理单位相匹配。对气体容积而言，要注意必须换算到标准状态下的容积才能计算热量。

实验证明，表 1-1 的数据仅是低温（温度小于 150 ℃）范围内的近似值，温度越高，误差越大。

2. 用平均比热容计算热量

在实际的热力过程中，气体往往处于很高的温度范围，例如锅炉中的烟气。

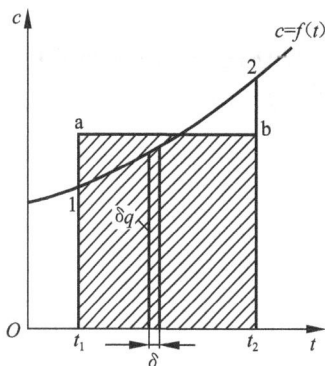

图 1-14 c-t 图

从图 1-14 可以看出，温度很高时，比热容随温度的变化很显著，此时计算热量就不能忽略温度对比热容的影响，需要利用式（1-63）进行积分。工程上为了避免积分的麻烦，常利用平均比热容表（附表 1~附表 4）来计算热量。

平均比热容是指在一定的温度范围内真实比热容的平均值，即一定温度范围内单位数量气体吸收或放出的热量与该温度差的比值。气体在 $t_1 \sim t_2$ 这一温度范围内的平均比热容用符号 $c\Big|_{t_1}^{t_2}$ 表示：

$$c\Big|_{t_1}^{t_2} = \frac{q}{t_2 - t_1} \qquad (1-67)$$

显然，平均比热容是一个假想的概念，其实质是在某一确定的温度范围内，用一个数值不变的比热容去代替随温度变化的真实比热容进行热量计算，所得结果与按真实比热容进行计算的结果相同。平均比热容的几何意义，可以从比热容与温度的关系曲线中看出，如图 1-14 所示。

本书附录中的附表 1~附表 4 分别列出了几种常用气体在定压和定容下，从 0 ℃到任意温度 t ℃的平均质量热容和平均容积热容的值，供计算时查用，表中的数据均由实验测得。

因附表上的数据显示的是 0 ℃到 t ℃之间的平均比热容，因此，利用附表 1~附表 4 求 0 ℃到 t ℃之间的热量非常方便，只要查出 0 ℃到 t ℃时的平均比热容 $c\Big|_{t_1}^{t_2}$ 的值，再乘以 t 即可直接计算出热量：

$$q = c\Big|_0^t \cdot t \qquad (1-68)$$

利用平均比热容表上的数据求 $t_1 \sim t_2$ 之间的热量也很方便，只需将 $0 \sim t_2$

之间的热量减去 0~t_1 之间的热量即可:

$$q = q_2 - q_1 = c \left|_0^{t_2} \cdot t_2 - c \left|_0^{t_1} \cdot t_1 \right. \right. \tag{1-69}$$

对于 m kg 质量的气体,从 t_1 变到 t_2 所需的热量为:

$$Q = m \left(c \left|_0^{t_2} \cdot t_2 - c \left|_0^{t_1} \cdot t_1 \right. \right. \right) \tag{1-70}$$

对标准状态下 V_0 m^3 的气体,从 t_1 变到 t_2 所需热量为:

$$Q = V_0 \left(c' \left|_0^{t_2} \cdot t_2 - c' \left|_0^{t_1} \cdot t_1 \right. \right. \right) \tag{1-71}$$

【例 1-7】 将 5 m^3 的氮气在 $p = 3 \times 10^5$ Pa 下从 20 ℃ 定容加热到 120 ℃,用定值比热容求氮气吸收的热量。

解:若希望用容积比热容来进行计算,应首先将气体的容积换算成标准状态下的数值。

由状态方程 $\dfrac{p_0 V_0}{T_0} = \dfrac{p_1 V_1}{T_1}$

得 $V_0 = \dfrac{p_1 V_1 T_0}{T_1 p_0} = \dfrac{3 \times 10^5 \times 5 \times 273.15}{(20 + 273.15) \times 1.013\,25 \times 10^5} = 13.8$（标准 m^3）

因为氮气是双原子气体,又是定容下被加热,查表 1-1 得氮气的定容千摩尔定值热容为 $C_{V,m} = \dfrac{5}{2} R$ kJ/(kmol·K),根据式（1-54）求得氮气的定容热容的值为:

$$c_V' = \frac{C_{V,m}}{22.4} = \frac{\dfrac{5}{2} \times 8.314}{22.4} = 0.927\,9 [\text{kJ/(标准 m}^3 \cdot \text{K)}]$$

再代入式（1-66）求出热量为:

$Q = V_0 c'(T_2 - T_1) = 13.8 \times 0.927\,9 \times (120 - 20) = 1\,280.5(\text{kJ})$

若希望用质量热容来进行计算,则首先利用状态方程式求出气体的质量。

由 $p_1 V_1 = m R_g T_1$ 得:

$$m = \frac{p_1 V_1}{R_g T_1} = \frac{3 \times 10^5 \times 5}{\dfrac{8\,314}{28} \times (20 + 273.15)} = 17.23(\text{kg})$$

再根据式（1-54）算出氮气定容下的定值质量热容为:

$$c_V = \frac{C_{V,m}}{28} = \frac{\dfrac{5}{2} \times 8.314}{28} = 0.742\,3(\text{kJ} \cdot \text{kg}^{-1} \cdot \text{K}^{-1})$$

最后代入式（1-65）求出热量为：

$$Q = mc(T_2 - T_1) = 17.23 \times 0.7423 \times (120 - 20) = 1279(\text{kJ})$$

【例1-8】 试计算每千克氧气从200 ℃定压加热至380 ℃和从380 ℃定压加热至900 ℃所吸收的热量。①按平均比热容计算；②按定值比热容计算。

解：① 从附表1中查得氧气如下平均比热容的值：

$$c_p \Big|_{0\,℃}^{200\,℃} = 0.935 \text{ kJ/(kg · K)}; \quad c_p \Big|_{0\,℃}^{300\,℃} = 0.950 \text{ kJ/(kg · K)}$$

$$c_p \Big|_{0\,℃}^{400\,℃} = 0.965 \text{ kJ/(kg · K)}; \quad c_p \Big|_{0\,℃}^{900\,℃} = 1.026 \text{ kJ/(kg · K)}$$

根据线性插值公式得：

$$c_p \Big|_{0\,℃}^{380\,℃} = c_p \Big|_{0\,℃}^{300\,℃} + \frac{(380 - 300)℃}{(400 - 300)℃}\left(c_p \Big|_{0\,℃}^{400\,℃} - c_p \Big|_{0\,℃}^{300\,℃}\right)$$

$$= 0.95 + 0.8 \times (0.965 - 0.95) = 0.962(\text{kJ · kg}^{-1} · \text{K}^{-1})$$

根据式（1-69）得：

每千克氧气从200 ℃定压加热至380 ℃所吸收的热量为：

$$q_1 = c_p \Big|_{0\,℃}^{380\,℃} \times 380 - c_p \Big|_{0\,℃}^{200\,℃} \times 200$$

$$= 0.962 \times 380 - 0.935 \times 200 = 178.6(\text{kJ/kg})$$

每千克氧气从380 ℃定压加热至900 ℃所吸收的热量为：

$$q_2 = c_p \Big|_{0\,℃}^{900\,℃} \times 900 - c_p \Big|_{0\,℃}^{380\,℃} \times 380$$

$$= 1.026 \times 900 - 0.962 \times 380 = 557.8(\text{kJ/kg})$$

② 因为氧气是双原子气体，又是定压加热，查表1-1得氧气的定压千摩尔定值热容为：

$$C_{p,m} = \frac{7}{2}R \quad \text{kJ/(kmol · K)}$$

再根据式（1-54），算出氧气定压下的定值质量热容 $c_p = \dfrac{C_{p,m}}{32} =$

$$\frac{\frac{7}{2} \times 8.314}{32} = 0.9093 \ (\text{kJ · kg}^{-1} · \text{K}^{-1})$$

则 $q_1' = c_p \Delta t = 0.9093 \times (380 - 200) = 163.7(\text{kJ/kg})$

$q_2' = c_p \Delta t = 0.9093 \times (900 - 380) = 472.8(\text{kJ/kg})$

讨论：在求 $c_p \Big|_{0\,℃}^{380\,℃}$ 时，用到线性插值公式。线性插值公式不但在求平均

比热容时要用，而且在今后的工程用表中都要用到，如水蒸气热力性质表等，故必须掌握。

以第一种方法计算的结果为基准，可分别求得不同温度区间利用定值比热容计算结果的相对偏差 ε。

$$\varepsilon_1 = \left| \frac{q_1 - q_1'}{q_1} \right| = \left| \frac{178.6 - 163.7}{178.6} \right| = 8\%$$

$$\varepsilon_2 = \left| \frac{q_2 - q_2'}{q_2} \right| = \left| \frac{557.8 - 472.8}{557.8} \right| = 15\%$$

可见，在温度变化范围大，尤其是涉及较高温度时，用定值比热容计算所得结果误差较大。

三、理想气体热力学能和焓变化的计算

在热力过程的分析计算中，一般并不需要确定热力学能、焓和熵的绝对值，只需计算它们在热力过程中的变化量。

理想气体状态方程和比热容确定后，利用热力学第一定律就可以方便地求得理想气体热力学能、焓和熵变化的计算式。

（一）理想气体的热力学能

气体的热力学能包括内动能和内位能。如前所述，因理想气体的分子之间没有相互作用力，故理想气体的热力学能中没有内位能，只有内动能，而内动能仅取决于温度，因此，理想气体的热力学能仅仅是温度的函数，对于一定的温度就有确定的热力学值：

$$u = u(T) \tag{1-72}$$

对于同一种理想气体，无论经历什么过程，只要初态温度同为 T_1，终态温度同为 T_2，则其热力学能的变化量就相同。

根据这一特点，我们选择容积不变的可逆过程来导出理想气体温度从 T_1 变到 T_2 时，其热力学能变化量的计算公式。

引用热力学第一定律的数学表达式，对于可逆过程有：

$$\delta q = du + pdv \tag{1-73}$$

对定容过程，因 $dv = 0$，$\delta q = c_V dT$，故有：

$$du = c_V dT \tag{1-74}$$

当采用定容比热容时，则有：

$$\Delta u = c_V \Delta T \tag{1-75}$$

式 (1-74)、式 (1-75) 适用于理想气体的任意过程。

因此,热力学第一定律应用于理想气体的可逆过程时,可进一步表示为:

$$\delta q = c_V dT + p dv \tag{1-76}$$

(二) 理想气体的焓

根据焓的定义式 $h = u + pv$,对于理想气体,因为 $pv = R_g T$,所以:

$$h = u + R_g T = h(T) \tag{1-77}$$

可见,理想气体的焓也仅仅是温度的函数。与热力学能一样,对应一定的温度就有确定的焓值。且同一种理想气体,在具有相同初、终态温度的任意过程中,其焓的变化量都相同。

根据这一特点,我们选择压力不变的可逆过程来计算理想气体焓的变化量。

引用热力学第一定律的数学表达式,对于可逆过程有:

$$\delta q = dh - v dp$$

对定压过程,因 $dp = 0$,$\delta q = c_p dT$,故有:

$$dh = c_p dT \tag{1-78}$$

当采用定值比热容时,则有:

$$\Delta h = c_p \Delta T \tag{1-79}$$

式 (1-78)、式 (1-79) 适用于理想气体的任意过程。

因此,热力学第一定律应用于理想气体的可逆过程时,可表示为:

$$\delta q = c_p dT - v dp \tag{1-80}$$

因此理想气体的热力学能和焓都仅仅是温度的函数。

四、理想气体的基本热力过程

(一) 研究热力过程的目的和方法

如前所述,在各种热工设备中,热能的转换和传递是通过工质经历一系列状态变化过程来实现的,研究热力过程的目的和任务就在于揭示不同的热力过程中工质状态参数的变化规律和能量在过程中相互转换的数量关系。

实际的热力过程往往很复杂,它们都是一些程度不同的不可逆过程。同时,过程中工质的各个状态参数都在变化,不易找出其变化规律。热力学中为了便于分析,暂且忽略某些次要因素影响,突出主要因素,将实际过程理想化。一是忽略实际过程的一切不可逆因素，将其理想化为可逆过程；二是突出实际过程中状态参数变化的主要特征，将过程简化为具有简单规律的典型过程。例如，换热器中流体的各状态参数都在变化，但温度变化是主要的，压力变化却很小，就可以认为是在压力不变的条件下进行的热力过程。又如，汽轮机中由于蒸汽流速很快，与外界交换的热量很少，就可视为绝热过程，在可逆条件下该过程就是定熵过程。这种保持一个状态参数不变的过程称为基本热力过程，热能工程上常见的基本热力过程有定容过程、定压过程、定温过程、定熵过程。

　　本节以理想气体为工质，以热力学第一定律为基础，分析这四种可逆过程的基本热力过程。为简化和方便分析，比热容取定值。

　　分析理想气体热力过程的内容和步骤概括如下：

　　① 确定过程方程：根据过程的具体特征确定过程方程。过程方程是运用基本状态参数来表征过程特点的方程式；

　　② 确定基本状态参数的变化规律：将过程方程和理想气体状态方程联解，可导得不同状态下的基本状态参数 p，v，T 之间的关系；

　　③ 确定过程中功量和热量的计算式；

　　④ 绘出过程曲线：在 $p-v$ 图和 $T-s$ 图上表示出各过程，并进行定性分析。

（二）四个基本热力过程

1. 定容过程

工质比体积保持不变的状态变化过程称为定容过程。

（1）过程方程

$$v = 定值 \tag{1-81}$$

（2）基本状态参数之间的关系

依据理想气体状态方程式 $pv = R_g T$，结合过程方程，可导得定容过程初、终状态的参数关系式为：

$$\frac{p_2}{p_1} = \frac{T_2}{T_1} \tag{1-82}$$

式（1-82）表明，定容过程中理想气体的压力与热力学温度成正比。

（3）功量与热量的分析计算

在定容过程中，因工质的比体积维持不变，故其不做膨胀功。即：

$$w = \int_1^2 p\,dv = 0 \tag{1-83}$$

定容过程的技术功：

$$w_t = -\int_1^2 v\mathrm{d}p = v(p_1 - p_2) \tag{1-84}$$

根据比热容的定义，当比热容取定值时，定容过程吸收的热量为：

$$q = c_V \Delta T \tag{1-85}$$

或根据热力学第一定律的数学表达式亦可得：

$$q = \Delta u + w = \Delta u + 0 = c_V \Delta T \tag{1-86}$$

即在定容过程中，工质不做膨胀功，加给工质的热量全部用于增加其热力学能。可见，定容过程并无热变功的能量转换，仅有热量的传递，工质受热后温度、压力均上升，提高了工质的做功能力。因而定容过程实质上是一个热变功的准备过程。

（4）过程曲线

根据过程方程可知，定容过程在 $p-v$ 图上为一条垂直于 v 轴的直线，如图 1-15（a）所示。在 $T-s$ 图上，定容线为一斜率为正的指数曲线，如图 1-15（b）所示。这可由理想气体熵的表达式分析得出。

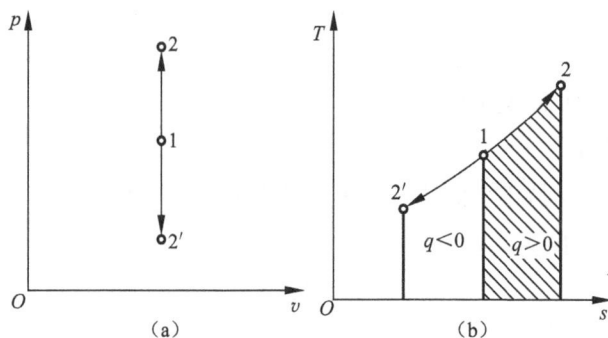

图 1-15　定容过程的 $p-v$ 图和 $T-s$ 图

（a）$p-v$ 图；（b）$T-s$ 图

根据热力学第一定律，理想气体进行可逆过程时，其能量方程可写成：

$$T\mathrm{d}s = c_V\mathrm{d}T + p\mathrm{d}v \tag{1-87}$$

由于定容过程 $\mathrm{d}v = 0$，故上式简化为：

$$T\mathrm{d}s = c_V\mathrm{d}T \tag{1-88}$$

所以在 $T-s$ 图上，定容过程曲线的斜率为：

$$\left(\frac{\partial T}{\partial s}\right)_V = \frac{T}{c_V} > 0$$

根据过程基本状态参数间的关系、功量的分析可知：在 $p-v$ 图和 $T-s$ 图上，1-2 过程为定容吸热过程，工质升温升压；1-2′过程为定容放热过程，工质降温降压。

2. 定压过程

工质压力维持不变的热力过程称为定压过程。在很多换热设备中，工质的加热或冷却过程是在近似于定压的情况下进行的，如水在锅炉中的吸热过程、乏汽在凝汽器中的放热过程等。

（1）过程方程

$$p = 定值 \tag{1-89}$$

（2）基本状态参数间的关系

依据理想气体状态方程式 $pv = R_g T$，结合过程方程，可导得定压过程初、终状态的参数关系式为：

$$\frac{v_2}{v_1} = \frac{T_2}{T_1} \tag{1-90}$$

上式表明，定压过程中理想气体的比体积与热力学温度成正比。

（3）功量与热量的分析计算

在定压过程中，由于 $p = $ 常数，故膨胀功为：

$$w = \int_1^2 p\mathrm{d}v = p(v_2 - v_1) \tag{1-91}$$

对理想气体还可写为：

$$w = p(v_2 - v_1) = R_g(T_2 - T_1) \tag{1-92}$$

定压过程的技术功为：

$$w_t = -\int_1^2 v\mathrm{d}p = 0 \tag{1-93}$$

类似于定容过程的分析，定压过程的热量为：

$$q = c_p \Delta T = \Delta h \tag{1-94}$$

可见，在定压过程中，外界加给工质的热量全部用于增加工质的焓。

（4）过程曲线

根据过程方程知，定压过程在 $p-v$ 图上为一条平行于 v 轴的直线，如图 1-16（a）所示。

在 $T-s$ 图上，定压线也为一斜率为正的指数曲线，如图 1-16（b）所示。这同样可由理想气体熵的表达式分析得出。

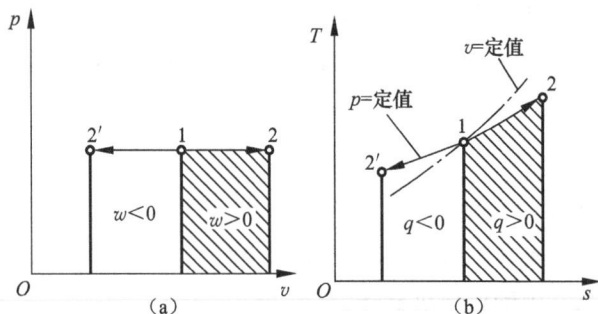

图 1-16　定压过程的 $p-v$ 图和 $T-s$ 图

(a) $p-v$ 图；(b) $T-s$ 图

根据热力学第一定律，理想气体进行可逆过程时，其能量方程可写成：

$$Tds = c_p dT - vdp \qquad (1-95)$$

由于定压过程 $dp=0$，故上式简化为：

$$Tds = c_p dT \qquad (1-96)$$

所以在 $T-s$ 图上，定压过程曲线的斜率为：

$$\left(\frac{\partial T}{\partial s}\right)_p = \frac{T}{c_p} > 0$$

由于理想气体 $c_p > c_V$，故在 $T-s$ 图上过同一状态点的定压线斜率要小于定容线斜率，即定压线比定容线要平坦。

在 $p-v$ 图和 $T-s$ 图上，1-2 过程为定压吸热过程，温度升高，体积膨胀；1-2′过程为定压放热过程，温度降低，体积减小。

3. 定温过程

工质温度维持不变的热力过程称为定温过程。

由于理想气体的热力学能和焓都仅仅是温度的函数，故理想气体的定温过程同时也是定热力学能过程和定焓过程。

（1）过程方程

$$pv = 定值 \qquad (1-97)$$

（2）基本状态参数间的关系

依据过程方程有：

$$p_1 v_1 = p_2 v_2 \qquad (1-98)$$

上式表明，定温过程理想气体的压力与比体积成反比。

（3）功量与热量的分析计算

在定温过程中，由于 pv ＝ 常数，故膨胀功为：

$$w = \int_1^2 p\mathrm{d}v = \int_1^2 pv\frac{\mathrm{d}v}{v} = pv\ln\frac{v_2}{v_1} = R_g T\ln\frac{p_1}{p_2} \qquad (1-99)$$

根据热力学第一定律 $q = \Delta u + w$ 及定温过程的 $\Delta u = 0$，可得定温过程热量为：

$$q = w \qquad (1-100)$$

可见，在定温过程中，外界加给工质的热量全部转换为体积变化功。

根据热力学第一定律 $q = \Delta u + w_t$ 及定温过程 $\Delta u = 0$ 可知，过程的技术功为：

$$w_t = q \qquad (1-101)$$

因此，在理想气体的定温过程中，膨胀功、技术功和热量三者相等。

（4）过程曲线

根据过程方程可知，定温过程在 $p-v$ 图上为一条等轴双曲线，如图 1-17（a）所示。定温过程在 $T-s$ 图上是一条平行于 s 轴的直线，如图 1-17（b）所示。

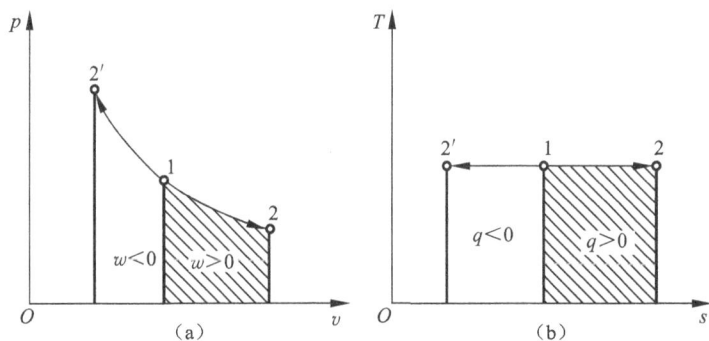

图 1-17　定温过程的 $p-v$ 图和 $T-s$ 图

（a）$p-v$ 图；（b）$T-s$ 图

图中的 1-2 过程是定温吸热膨胀过程，工质的比体积增大，压力降低；1-2′过程是定温放热压缩过程，工质的比体积减小，压力升高。

4. 定熵过程

根据熵的定义式 $\mathrm{d}s = \dfrac{\delta q}{T}$ 可知，可逆绝热过程的熵保持不变，所以可逆绝热过程也称为定熵过程。显然，这种过程在实际中是不可能存在的，但当过程进行得很快，系统与外界来不及交换热量时，或热绝缘材料很好，系统与外界交换热量很少时，则可近似地作为绝热过程来处理。如汽轮机中工质的膨胀过程就可以近似看作绝热过程，此时若忽略不可逆因素，过程即为可逆绝热过程，也称为定熵过程。

（1）过程方程

理想气体定熵过程的过程方程可根据过程特点从能量方程导出（推导忽略）：

$$pv^k = 常数 \qquad (1-102)$$

其中，$k = \dfrac{c_p}{c_V}$，称为比热比，也称为等熵指数。

因为 $c_p > c_V$，所以 k 总是大于 1 的。当比热容取定值时，根据理想气体的定值千摩尔热容表（见表 1-1）可知，对于：单原子气体，$k = 1.66$；双原子气体，$k = 1.4$；多原子气体，$k = 1.33$。

（2）基本状态参数间的关系

依据过程方程和状态方程：

$$\frac{p_2}{p_1} = \left(\frac{v_1}{v_2}\right)^k \qquad (1-103)$$

$$\frac{T_2}{T_1} = \left(\frac{v_1}{v_2}\right)^{k-1} \qquad (1-104)$$

$$\frac{T_2}{T_1} = \left(\frac{p_2}{p_1}\right)^{\frac{k-1}{k}} \qquad (1-105)$$

（3）功量与热量的分析计算

绝热过程中 $q = 0$。

绝热过程的膨胀功可根据热力学第一定律的数学表达式 $q = \Delta u + w$ 求得：

$$w = q - \Delta u = -\Delta u = u_1 - u_2 \qquad (1-106)$$

绝热流动过程的技术功 w_t 也可根据稳定流动能量方程 $q = \Delta h + w_t$ 求得：

$$w_t = q - \Delta h = -\Delta h = h_1 - h_2 \qquad (1-107)$$

式（1-106）、式（1-107）表明，在绝热过程中，工质所做的容积功全部来自其热力学能的减少。在绝热流动过程中，流动工质所做的技术功全部来自其焓降。这两式都是由热力学第一定律直接推导的，故它们既适用于可逆绝热过程，又适用于不可逆绝热过程，既适用于理想气体，又适用于实际气体。

对于理想气体，绝热过程的容积功和技术功还可分别有下面的表达式：

$$w = -\Delta u = c_V(T_1 - T_2) \qquad (1-108)$$

$$w_t = -\Delta h = c_p(T_1 - T_2) \qquad (1-109)$$

（4）过程曲线

由定熵过程的过程方程 $pv^k =$ 常数知，定熵过程在 $p-v$ 图上是一条高次双曲线。由于 $k>1$，定熵曲线斜率的绝对值大于定温曲线斜率的绝对值，即绝热曲线较定温曲线陡，如图 1-18（a）所示。

因定熵过程中状态参数熵保持不变，故定熵过程在 $T-s$ 图上是一条垂直于 s 轴的直线，如图 1-18（b）所示。

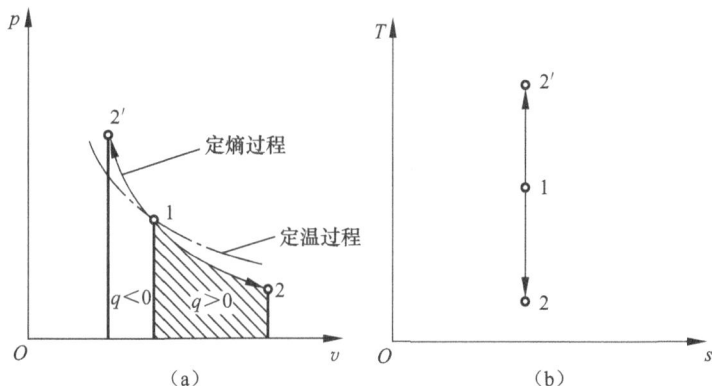

图 1-18　定熵过程的 $p-v$ 图和 $T-s$ 图

(a) $p-v$ 图；(b) $T-s$ 图

图中的 1-2 过程为定熵膨胀过程，工质降压降温；1-2′过程为定熵压缩过程，工质升压升温。

应该指出，只有可逆的绝热过程才是定熵过程。对于存在能量损耗的不可逆绝热过程，尽管过程中工质与外界没有热量交换，但由于不可能因素的存在，必然造成能量损耗，这部分能量将转换为热量重新被工质吸收，从而引起工质熵的增大。因此，不可逆绝热过程是一个熵增的过程，且不可逆程度越大，能量损耗越多，熵增就越大。据此可以利用熵增量的大小来衡量绝热过程的不可逆程度。

【例 1 - 9】　某 200 MW 机组锅炉的空气预热器，将压力为 0.12 MPa，温度为 27 ℃ 的 2 000 kg 空气在定压下加热到 227 ℃。试求初、终状态的容积，热力学能的变化量及过程中所加入的热量（设比热容为定值）。

解：空气的初态容积为：

$$V_1 = \frac{mR_g T_1}{p} = \frac{2\,000 \times \dfrac{8\,314}{28.96} \times (27 + 273.15)}{0.12 \times 10^6} = 1\,435.43(\text{m}^3)$$

空气经历定压过程后，终态容积为：

$$V_2 = \frac{T_2}{T_1}V_1 = \frac{227 + 273.15}{27 + 273.15} \times 1\,435.43 = 2\,392.38(\text{m}^3)$$

热力学能的变化量为：

$$\Delta U = mc_V(t_2 - t_1) = 2\,000 \times \frac{\dfrac{5}{2} \times 8.314}{28.96} \times (227 - 27) = 287\,085.64(\text{kJ})$$

空气吸收热量为：

$$Q = mc_p(t_2 - t_1) = 2\,000 \times \frac{\dfrac{7}{2} \times 8.314}{28.96} \times (227 - 27) = 401\,919.89(\text{kJ})$$

任务四　热力学第二定律认知及应用

一、热力循环

通过工质的膨胀过程可以将热能转变为机械能。然而任何一个膨胀过程都不可能无限制地进行下去，要使工质连续不断地做功，就必须使膨胀后的工质回复到初始状态，如此反复循环。

工质经过一系列状态变化后，又回复到原来状态的全部过程称为热力循环，简称循环。若组成循环的全部过程均为可逆过程，则该循环为可逆循环；否则，为不可逆循环。可见，可逆循环可以表示在状态参数坐标图上，并且是一条封闭的曲线，如图 1 - 19 所示。

由于工质回复到原来的状态，所以整个循环在参数坐标图上表示为一条封闭的曲线，如图 1 - 19 所示。而且，经历一个循环后，工质的任意一个状态参数的变化量都等于零，可用数学式表示为：

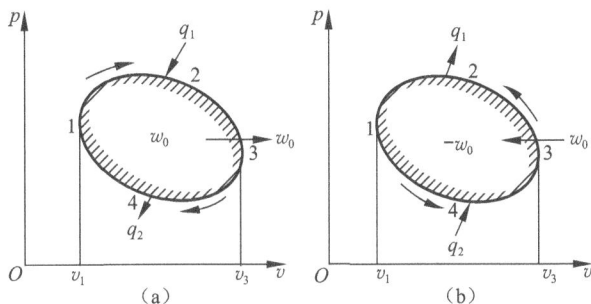

图 1-19　热力循环

（a）正向循环；（b）逆向循环

$$\oint \mathrm{d}x = 0$$

式中，x 为任意一个状态参数，$\oint$ 为循环积分符号。

（一）正向循环

将热能转变为机械能的循环称为正向循环。一切热力发动机都是按正向循环工作的。所以，正向循环又称为动力循环或热机循环。

设 1 kg 工质在热机中进行一个正向循环 1-2-3-4-1，如图 1-19（a）所示。1-2-3 为膨胀过程，所做的膨胀功在 $p-v$ 图上以面积 $123v_3v_1 1$ 表示；3-4-1 为压缩过程，所消耗的压缩功在 $p-v$ 图上以面积 $341v_1v_3 3$ 表示。正向循环所做的净功 w_0 为膨胀功与压缩功之差，即循环所包围的面积 12341（正值）。这一热力循环在 $p-v$ 图上是按顺时针方向进行的，因此，称为正向循环。

如图 1-20（a）所示，热机在工作过程中，从高温热源 T_1 吸收热量 q_1（1 kg 工质所吸收的热量），使工质膨胀经过 1-2-3 过程；然后工质向低温热源 T_2 放出热量 q_2（1 kg 工质所放出的热量，取绝对值），使工质压缩经过 3-4-1 过程，回到初态。根据热力学第一定律可知，在循环过程中，工质从高温热源吸收的热量 q_1 与向低温热源放出的热量 q_2 的差值必然等于循环所得到的净功 w_0，即：

$$w_0 = q_1 - q_2 \qquad (1-110)$$

式（1-110）表明，在正向循环中，工质从热源得到的热量不能全部转变为机械能，所获得的机械能与所付出的热量的比值称为热效率，用符号 η_t 表示。其定义式为：

$$\eta_t = \frac{w_0}{q_1} = \frac{q_1 - q_2}{q_1} = 1 - \frac{q_2}{q_1} \tag{1 - 111}$$

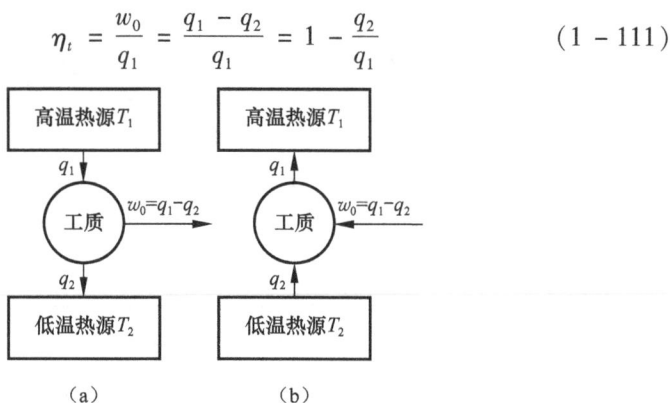

图 1-20　热机和制冷机的工作过程

(a) 热机的工作过程；(b) 制冷机的工作过程

热效率反映了热能转变为机械能的程度。热效率越大，热能转变为机械能的百分数越大，循环的经济性就越好。但是，由于向低温热源放出的热量 q_2 不能为零，所以热效率 η_t 总是小于 1。

（二）逆向循环

逆向循环是消耗机械能（或其他能量），将热量从低温热源传递到高温热源的循环。例如，制冷装置和供暖的工作循环。由于逆向循环要消耗机械能，所以其循环净功 $w_0 < 0$。逆向循环原理如图 1-19（b）所示，工作过程如图 1-20（b）所示。若 1 kg 工质完成一次逆向循环，消耗净功 w_0（取绝对值），从低温热源 T_2 吸收热量 q_2，向高温热源 T_1 放出热量 q_1（取绝对值），则：

$$q_1 - q_2 = w_0$$

或

$$q_1 = q_2 + w_0 \tag{1 - 112}$$

可见，逆向循环中向高温热源放出的热量 q_1，来自于从低温热源的吸热量 q_2 和消耗的循环净功 w_0。消耗功是完成逆向循环的必要条件。

通常用工作系数来表示逆向循环的经济性，工作系数是所获得的收益与所花费的代价之比值。对于逆向循环可以实现两种目的：一是制冷，目的是把热量 q_2 从低温热源取走，即低温热源获得了冷量 q_2，这就是制冷装置；另一种则为供热，目的是向高温热源输送热量 q_2，这就是热泵装置。

二、热力学第二定律

(一) 自发过程的方向性和不可逆性

自然界中的一切热力过程均有方向性和不可逆性。把不需要任何外界作用而可以自动进行的过程称为自发过程，自发过程都具有方向性。例如，热量从高温物体传递给低温物体；水从高处流向低处；功转变成热；气体的扩散、混合等现象均属于自发过程。反之，那些不能无条件进行的过程称为非自发过程。它是自发过程的逆过程，它的进行需要一定的条件，付出一定的代价。例如，热量由低温传向高温需要消耗功等。可见，自发过程是不可逆过程。

(二) 热力学第二定律的表述

反映自发过程具有方向性和不可逆性这一规律的定律称为热力学第二定律。由于热过程种类很多，人们可以由任意一种热力过程来阐述自发过程进行的方向性和不可逆性。因此，针对各种具体过程，热力学第二定律有不同的表述形式。这里，只介绍关于热量传递和热功转换的几种说法：

① 克劳休斯说法：不可能将热量自发地不付代价地从低温物体传送到高温物体。

这种说法从热量传递的角度表述了热力学第二定律，指出了传热过程的方向性。它说明热量从低温物体传至高温物体是一个非自发过程，要使之实现，必须付出一定的代价作为补偿条件。如前所述的制冷机，将热量从低温物体传到了高温物体，其代价就是消耗功，将功变为热一起传给了高温物体。要是没有这一功变为热的补偿过程，制冷剂是不可能使热量从低温物体传到高温物体的。

② 开尔文－普朗克说法：不可能制造出一种循环工作的热机，它从单一热源吸热，使之全部转变为有用功而不产生其他任何变化。

这种说法从热功转换的角度表述了热力学第二定律，指出了热功转换过程的方向性以及热转换为功所需的补偿条件。它说明，热机从热源吸取的热量中，只有一部分可以变为功，而另一部分热量必然要向外排除。也就是说，循环热机工作时不仅要有供吸热用的热源，还要有供放热用的冷源，在一部分热变为功的时候，另一部分热要从热源移至冷源。因此，热变功这一非自发过程的进行，是以热从高温移至低温来作为补偿条件的，即热机的热效率不可能达到百分之百。

三、卡诺循环与卡诺定理

热力学第二定律的开尔文 - 普朗克说法说明,任何热机循环的热效率都不可能达到百分之百,那么人们自然就会提出这样一系列问题:在一定的具体条件下,热机循环的热效率最高能达到多少?这个热效率的最高极限取决于什么因素?提高循环热效率的根本途径又是什么?

卡诺循环和卡诺定理回答了这些问题。

(一) 卡诺循环及其热效率

卡诺循环是法国工程师卡诺(Carnot)于 1824 年提出的一种理想热机循环。该循环是指工作于两个恒温热源间的,由两个可逆定温过程和两个可逆绝热过程所组成的可逆正向循环。将卡诺循环表示在 $p-v$ 图和 $T-s$ 图上,如图 1-21 所示。

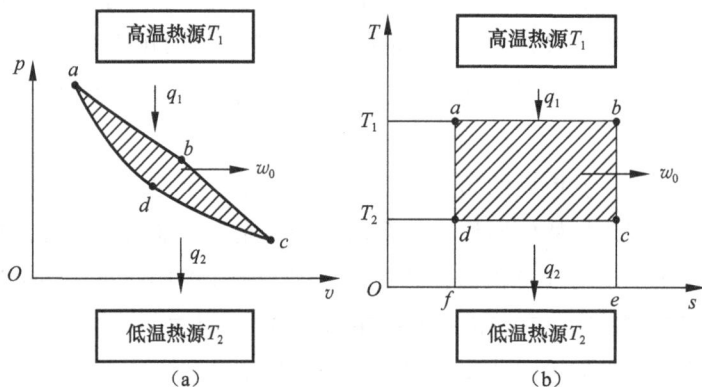

图 1-21 卡诺循环的 $p-v$ 图和 $T-s$ 图

(a) $p-v$ 图;(b) $T-s$ 图

图中,$a-b$ 为定温可逆吸热膨胀过程,1 kg 工质从高温热源 T_1 吸收热量 q_1,在定温 T_1 下由状态 a 膨胀至状态 b,并对外界做膨胀功;$b-c$ 为绝热可逆膨胀过程,工质由状态 b 膨胀至状态 c,温度由 T_1 降至 T_2,并对外界做膨胀功;$c-d$ 为定温可逆放热压缩过程,1 kg 工质由状态 c 在温度 T_2 下向同温度的低温热源 T_2 放出热量 q_2,被压缩成为状态 d,外界对工质做压缩功;$d-a$ 为绝热可逆压缩过程,工质由状态 d 经可逆绝热压缩后回到初始状态 a,温度由

T_2 升至 T_1，外界对工质做压缩功。

设热源温度为 T_1，冷源温度为 T_2，1 kg 工质在循环中从热源吸收热量 q_1，向冷源放出热量 q_2。根据过程特征，可得：

$$q_1 = T_1(s_2 - s_1) \qquad\qquad (1-113)$$

$$q_2 = T_2(s_2 - s_1) \qquad\qquad (1-114)$$

循环净功和净热为：

$$w_0 = q_0 = q_1 - q_2 = (T_1 - T_2)(s_2 - s_1) \qquad (1-115)$$

则卡诺循环的热效率为：

$$\eta_{t,c} = \frac{q_1 - q_2}{q_1} = \frac{w_0}{q_1} = 1 - \frac{T_2}{T_1} \qquad (1-116)$$

由上式可得出如下结论：

① 卡诺循环的热效率只取决于高温热源的温度 T_1 与低温热源的温度 T_2，而与工质的性质无关。提高高温热源的温度 T_1，或降低低温热源的温度 T_2，都可以提高热效率；

② 因为 $T_2 > 0$，所以热效率总小于1；

③ 若 $T_1 = T_2$，则 $\eta_{t,c} = 0$，即只有单一热源提供热量进行循环做功是不可能的。

（二）卡诺定理

卡诺循环是在两个温度不同的恒温热源间工作的最简单的可逆循环，除卡诺循环外还可以有其他可逆循环，其热效率都与卡诺循环的热效率相等，并与所采用的工质无关，这已为卡诺定理一所证明。卡诺定理除定理一外，还有定理二。现分述如下：

定理一：在两个温度不同的恒温热源之间工作的一切可逆热机，都具有相同的热效率，且与工质性质无关。

定理二：在两个温度不同的恒温热源之间工作的可逆热机的热效率恒高于不可逆热机的热效率。

综合以上结论，卡诺定理可表述为：

工作在两个恒温热源 T_1 和 T_2 之间的循环，不管采取什么工质，如果是可逆的，其热效率 $\eta_t = (1 - T_2/T_1)$；如果是不可逆的，其热效率 $\eta_t < (1 - T_2/T_1)$。

通过分析卡诺循环和卡诺定理的内容，可得出以下重要结论：

① 在两个恒温热源间工作的一切可逆循环，其热效率都相等，都等于相同温限间卡诺循环的热效率。其值只与热源和冷源的温度有关，而与工质的性质无关；

② 提高热源的温度 T_1 和降低冷源的温度 T_2 是提高可逆循环热效率的根本途径；

③ 由于热源温度 T_1 不可能为无限大，冷源温度 T_2 也不可能为零，因而循环的热效率不可能达到百分之百。或者说，不可能把从高温热源吸收的热量全部转变为有用功；

④ 若 $T_1 = T_2$，即热源温度和冷源温度一致（单一热源），则 $\eta_{t,c} = 0$，这说明只有一个热源的热机是不可能制造成功的，温度差是一切热机循环必不可少的条件；

⑤ 在两个恒温热源间工作的一切不可逆循环，其热效率不可能达到卡诺热机的热效率；

卡诺循环与卡诺定理在热力学的研究中具有重要的意义，它解决了热机热效率的极限问题，指出了提高热效率的途径。虽然卡诺循环在实际工程中无法实现，但它给实际热机的循环提供了改进方法和比较标准。

【例 1 - 10】 某热机在高温热源 1 000 K 和低温热源 300 K 之间工作。问能否实现对外做功 1 000 kJ，向低温热源放热 200 kJ？

解：计算该热机从高温热源吸热量为：

$$Q_1 = Q_2 + W_0 = 200 + 1\,000 = 1\,200(\text{kJ})$$

该热机的热效率为：

$$\eta_t = \frac{W_0}{Q_1} = \frac{1\,000}{1\,200} = 0.833$$

在相同条件下工作的可逆热机的热效率为：

$$\eta_{t,c} = 1 - \frac{T_2}{T_1} = 1 - \frac{300}{1\,000} = 0.7$$

$\eta_t > \eta_{t,c}$，显然这一结果违反了卡诺定理。

四、熵增原理

在孤立热力系中，一个可逆过程，又是绝热的，其 $\delta Q = 0$，则：

$$dS = \frac{\delta Q}{T} = 0 \qquad\qquad (1 - 117)$$

这说明绝热可逆过程就是定熵过程。那么实际的不可逆过程呢？当热力系由初态 1 经过任一不可逆过程，到达终态 2 时，其熵的增量为：

$$\mathrm{d}S = S_2 - S_1 > \frac{\delta Q}{T} \tag{1 - 118}$$

这就是不可逆过程的热力学第二定律的数学表达式。它说明，对于从初态到终态的任何一个不可逆过程，热温比的积分值，恒小于热力系终态和初态的熵值之差。将式（1 - 117）和式（1 - 118）联系起来，有：

$$\mathrm{d}S = S_2 - S_1 \geqslant \frac{\delta Q}{T} \tag{1 - 119}$$

这就是普遍的热力学第二定律的数学表达式。式中等号适用于可逆过程，不等号适用于不可逆过程。

对于绝热过程来说，由于 $\delta Q = 0$，式（1 - 119）变为：

$$S_2 - S_1 \geqslant 0 \tag{1 - 120}$$

这就是说，热力系从一平衡态经绝热过程到达另一平衡态，它的熵永不减少。若过程是可逆的，则熵不变；如果过程是不可逆的，则熵值增加，这就是熵增原理，也是用熵概念表述的热力学第二定律。

根据熵增原理可以作出判断：不可逆绝热过程总是向着熵增加的方向进行的，可逆绝热过程则是沿着等熵路径进行的。因此，可以利用熵的变化来判断自发过程进行的方向（沿着熵增加的方向）和限度（熵增加到极大值）。

思　考　题

1. 火电厂为什么采用水蒸气作为工质？

2. 能否说气体的某一个分子具有一定的温度和压力？温度和压力究竟是宏观量还是微观量？

3. 准平衡过程和可逆过程有何联系与区别？

4. 为什么称 $p - v$ 图为示功图？$T - s$ 图为示热图？

5. 表压力或真空度能否作为工质的状态参数？若工质的绝对压力不变，那么测量它的压力表或真空表的读数是多少？

6. 判断下列各式是否正确，并说明原因。若正确，指出其应用条件。

（1）$q = \Delta u + \Delta w$；

（2）$\delta q = \mathrm{d}u + \delta w$；

（3）$\delta q = \mathrm{d}h - v\mathrm{d}p$。

7. 简要说明膨胀功、推动功、轴功和技术功四者之间有何联系和区别？如何在 $p-v$ 图上表示膨胀功和技术功的大小？

8. 为什么定压比热容大于定容比热容？二者关系是怎样的？

9. 如果千摩尔热容为定值，对相同原子数的两种气体，其容积比热容是否相同？其质量比热容又是否相同？为什么？

10. 定温过程是定热力学能和定焓过程，这一结论对任意工质都成立吗？

11. 是否可以说绝热过程就是定熵过程？

12. 对于理想气体的任何一种过程，下述两组公式是否都适用？

$$\begin{cases} \Delta u = c_V \Delta t \\ \Delta h = c_p \Delta t \end{cases} \qquad \begin{cases} q = \Delta u = c_V \Delta t \\ q = \Delta h = c_p \Delta t \end{cases}$$

13. 理想气体的绝热自由膨胀过程中系统与外界没有交换热量，为什么熵增大？

14. 比较循环热效率公式 $\eta_t = 1 - Q_2/Q_1$ 与 $\eta_t = 1 - T_2/T_1$ 的适用条件。

15. 下列说法有无错误？如有错误，指出错在哪里。

（1）工质进行不可逆循环后其熵必定增加；

（2）熵增大的过程必为吸热过程；

（3）熵增大的过程必为不可逆过程。

习　　题

1. 锅炉出口过热蒸汽的压力为 3.9 MPa，当地大气压力为 0.1 MPa，求过热蒸汽的绝对压力为多少兆帕？

2. 如果气压计读数为 99.3 kPa，试计算：（1）表压力为 0.06 MPa 时的绝对压力；（2）真空度为 4.4 kPa 时的绝对压力；（3）绝对压力为 65 kPa 时的真空度；（4）绝对压力为 0.3 MPa 时的表压力。

3. 气体在某一过程中吸入热量 12 kJ，同时热力学能增加 20 kJ。问此过程是膨胀过程还是压缩过程？气体与外界交换的功是多少？

4. 某闭口系经一热力过程，放热 8 kJ，对外做功 26 kJ。为使其返回原状态，对系统加热 6 kJ，问需对系统做多少功？

5. 5 m^3 氧气，在 $p_1 = 3 \times 10^5$ Pa 压力下从 20 ℃定容加热到 120 ℃，求加入的热量。（设比热容为定值）

6. 一定量的空气在标准大气压下的容积为 3×10^4 m^3，若通过加热器把它定压加热到 270 ℃，其容积变为多少？

7. 在容积为 0.3 m^3 的密封容器内装有氧气，其压力为 300 kPa，温度为 15 ℃，问应加入多少热量可使氧气温度上升到 800 ℃？

（1）按定值比热容进行计算；（2）按平均比热容进行计算。

8. 某封闭容器的容积为 3 m^3，内装有 $p_1 = 0.25$ MPa，$t_1 = 27$ ℃的氧气，若定容加热这部分氧气到 $t_2 = 120$ ℃，求需要加入多少热量（设比热容为定值）？

9. 一卡诺热机的热效率为 40%，若它自热源吸热 4 000 kJ/h，而向 27 ℃冷源放热，试求热源的温度及循环净功。

10. 某火力发电厂的工质从温度为 1 800 ℃的高温热源吸热，并向温度为 20 ℃的低温热源放热，试确定：

（1）按卡诺循环工作的热效率；

（2）输出功率为 100 000 kW，按卡诺循环工作时的吸热量和放热量；

（3）由于内外不可逆因素的影响，实际循环热效率只有理想循环热效率的 45%。当输出功率维持不变时，实际循环中的吸热量和放热量。

11. 某热机在 $T_1 = 1$ 800 K 和 $T_2 = 450$ K 的热源间工作，若每个循环工质从热源吸热 1 000 kJ，试计算：

（1）循环的最大功？

（2）如果工质在吸热过程中与高温热源的温差为 100 K，在放热过程中与低温热源的温差为 50 K，则因传热温差，并由于摩擦使循环功减小 10 kJ，那么热机的热效率变为多少？

模块二

水蒸气及水蒸气动力循环分析

　　基本理论的应用部分主要是将热力学基本理论应用于各种热力装置的工作过程，并对气体和蒸汽循环、制冷循环、热泵循环、喷管及扩压管等进行热力分析及计算。探讨影响能量转换效果的因素以及提高转换效率的途径与方法等。火电厂的蒸汽动力装置中，热量传递和热功转换所使用的工质是水蒸气。因水蒸气不能作为理想气体来处理，故水蒸气的状态方程、热力学能、焓和熵的计算式都不像理想气体的计算式那样简单。在工程上，一般都利用专门作工程计算用的水蒸气热力性质表或线图来确定水蒸气的状态及状态参数，热力过程的分析计算也只能根据热力学基本定律和热力学性质图表来进行。

　　本模块主要介绍水蒸气的定压生产过程、水蒸气状态参数的确定方法、水蒸气图表的结构及使用方法和蒸汽流动过程及动力循环分析等。

任务一　水蒸气定压产生过程分析

一、水蒸气的定压产生过程

（一）基本概念

1. 汽化

物质从液态转变成气态的过程叫汽化，汽化有蒸发和沸腾两种方式。

（1）蒸发

在液体表面缓慢进行的汽化现象称为蒸发，它是液面上某种动能大的分子克服周围液体分子的引力而逸出液面的现象。

蒸发可在任意温度下发生，液体的温度越高，蒸发面积就越大，液面上气流的流速越快时，蒸发就越快。

火电厂的冷却水塔，就可以通过蒸发表面积、利用风机的强迫通风提高蒸发气流的流速等措施来提高蒸发速度，提高冷却水塔的工作效率。

（2）沸腾

靠蒸发产生蒸汽的速度比较缓慢，工业上一般都是靠液体的沸腾来产生蒸汽，沸腾是在液体的内部和表面同时发生的剧烈汽化现象。

在给定压力下，沸腾只能在一个相应确定的温度下发生，这一温度称为给定压力所对应的饱和温度。

2. 液化

物质从气态转成液态的过程称为液化，也可称为凝结。从微观上讲，它是汽空间的汽分子重新返回液面而成为液体分子的过程。

液化与汽化是物质相态变化的两种相反过程。实际上，在密闭的容器内进行的汽化过程总是伴随着液化过程同时进行。

3. 饱和状态

若将一定量的水置于密闭容器中，并设法将水面上方的空气抽出，此时容器内的液体开始汽化，液面上方将充满蒸汽分子。并且，汽化过程进行的同时，液化过程也在进行。这是由于液面上的蒸汽分子处于紊乱的热运动中，它们在和水面碰撞时，有的仍然返回蒸汽空间来，有的就进入水面变成水分子。总有这样一个时刻，从水中逸出的分子数等于返回水中的分子数量而处于动态平衡。这种气液两相动态平衡的状态称为饱和状态。

饱和状态下的蒸汽称为饱和蒸汽，饱和状态下的水称为饱和水。处于饱和状态时，蒸汽和水的压力相同，温度相等。该压力称为饱和压力，用符号 p_s 表示；该温度称为饱和温度，用符号 t_s 表示。饱和温度和饱和压力一一对应，改变饱和温度，饱和压力也会起相应的变化，饱和温度越高，饱和压力也越高。

4. 干度

饱和液体和饱和蒸汽的混合物称为湿饱和蒸汽，简称为湿蒸汽。相应地，不含有饱和液体的饱和蒸汽称为干饱和蒸汽，简称干蒸汽。为了确定湿蒸汽中所含饱和液体和饱和蒸汽的量，或确定湿蒸汽的状态，必须引入湿蒸汽特有的重要参数，即干度 x。

单位质量湿蒸汽中所含饱和蒸汽的质量称为湿蒸汽的干度。表达式为：

$$x = \frac{m_v}{m_v + m_w} \qquad\qquad (2-1)$$

式中，m_v 为湿蒸汽中干饱和蒸汽的质量，kg；m_w 为湿蒸汽中饱和水的质量，kg；$m_v + m_w$ 为湿蒸汽的质量，kg。

（二）水蒸气定压产生过程的三个阶段和五个状态

工程上所用的水蒸气大都是在锅炉中定压加热产生的，为了分析问题方便，假设容器中有一定量的水，在容器的活塞上加载重物，然后通过容器壁在底部对水进行加热，使水在定压下汽化，其变化状态如图 2-1 所示。水在相应的压力下呈现了二个阶段、五种状态的变化。

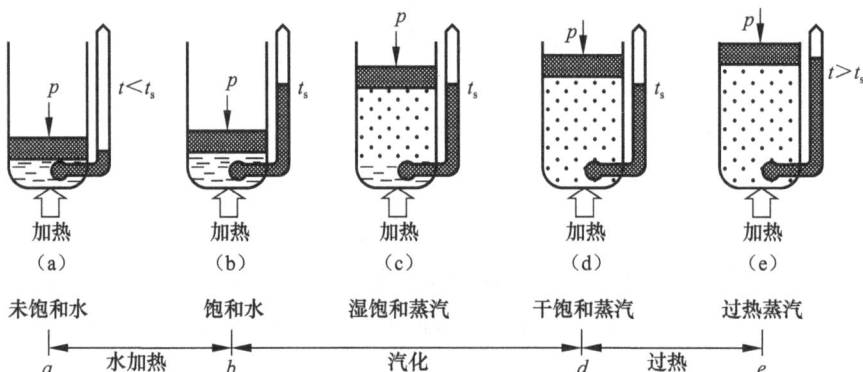

图 2-1 水蒸气的定压产生过程

1. 预热阶段

低于饱和温度的水称为未饱和水或过冷水。

在 $p-v$ 图和 $T-s$ 图上 a 表示在压力 p 下 0 ℃的过冷水，如图 2-2 所示。在维持压力不变的条件下，随着加热过程的进行，水的温度逐步升高，比体积稍有增加，水的熵因吸热而增大。当水温升高到压力 p 所对应的饱和温度 t_s 时，变成了饱和水，如图 2-1（b）所示。

饱和水状态在 $p-v$ 图和 $T-s$ 图上用 b 表示，如图 2-2 所示。

饱和水的状态参数除压力和温度外均加一上角标"'"，以示和其他状态的区别，如 h'、s' 和 v' 等。

单位质量的未饱和水在 $a-b$ 的定压预热阶段所需的热量称为液体热，用 q_1 表示。根据热力学第一定律有：

$$q_1 = h' - h_0 \qquad (2-2)$$

式中，h' 为压力为 p 时饱和水的焓；h_0 为压力为 p、温度为 0 ℃时水的焓。

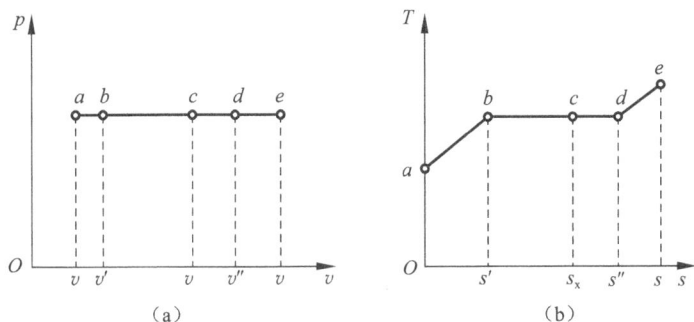

图 2 - 2　水蒸气的定压产生过程在 $p - v$ 图和 $T - s$ 图上的表示

(a) $p - v$ 图；(b) $T - s$ 图

在 $T - s$ 图上，q_1 可用 $a - b$ 线下的面积表示。

2. 汽化阶段

当水定压预热到饱和温度 t_s 以后，继续定压加热，饱和水便开始沸腾，产生蒸汽。沸腾时温度 t_s 保持不变。

在水的液 – 气相变过程中，所经历的液、气两相共存的状态，称为湿饱和状态，常简称为湿蒸汽状态，如图 2 – 1 (c) 所示。

随着加热过程的继续，湿蒸汽中水的含量逐渐减小，蒸汽的含量逐渐增加，直至水全部变成蒸汽，此状态称为干饱和蒸汽状态，常简称为干蒸汽状态，如图 2 – 1 (d) 所示。在 $p - v$ 图和 $T - s$ 图上用 d 表示干蒸汽状态，如图 2 – 2 所示。

类似饱和水状态，对于干蒸汽，状态参数除压力、温度外均加一上角标 ""，以示和其他状态的区别，如 h''、s'' 和 v'' 等。

显然，对于饱和水有干度 $x = 0$，对于干蒸汽有 $x = 1$，对于湿蒸汽有 $0 < x < 1$。这个定压汽化阶段，水蒸气的温度维持饱和温度 t_s 不变，比体积随着干度的增加而增大，熵也因吸热而增大，在 $p - v$ 图和 $T - s$ 图上水平线段 $b - d$，此阶段的吸热量称为汽化潜热，用 r 表示。则有：

$$r = h'' - h' \tag{2 - 3}$$

在 $T - s$ 图上，r 可用 $b - d$ 线下的面积表示。

3. 过热阶段

将干蒸汽继续定压加热，蒸汽温度将升高，比体积增加，熵增加，如图 2 – 2 中 $d - e$ 所示。因为此阶段的蒸汽温度高丁同压下的饱和温度，故称为过热蒸汽。

过热蒸汽的温度与同压下饱和温度之差称为过热度，用符号 D 表示，即：

$$D = t - t_s \qquad (2-4)$$

显然，过热度越高，过热蒸汽离饱和状态越远。

过热阶段的吸热量称为过热热，用 q_s 表示，则有：

$$q_s = h - h'' \qquad (2-5)$$

在 $T-s$ 图上，q_s 可用 $d-e$ 线下的面积表示。

把 $1\,kg\,0\,℃$ 的水定压加热成 $t\,℃$ 的过热蒸汽所需要的热量称为过热蒸汽的总热量，用符号 q 表示，则：

$$q = h - h_0 \qquad (2-6)$$

对火电厂而言，给水的焓通常计为 h_g，则 $1\,kg$ 工质在锅炉中吸收的总热量为：

$$q = h - h_g \qquad (2-7)$$

二、水蒸气定压产生过程的 $p-v$ 图和 $T-s$ 图分析

如果改变压力 p，例如将压力提高，再次考察水在定压下的蒸汽形成过程，同样也将经历上述五个状态和三个阶段。将若干压力下的水蒸气定压形成过程表示在 $p-v$ 图和 $T-s$ 图上，如图 2-3 所示。

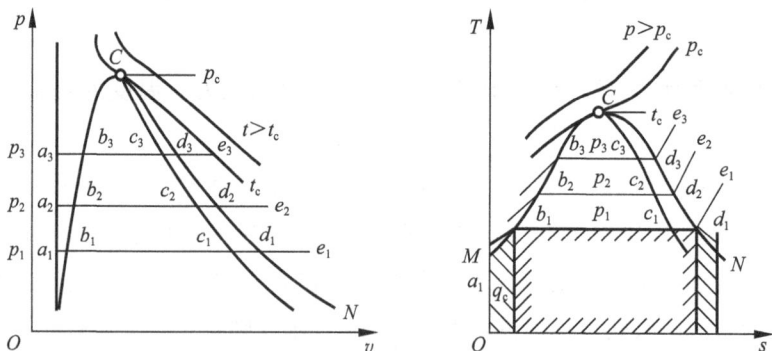

图 2-3 水蒸气定压产生过程的 $p-v$ 图和 $T-s$ 图

从图中可以看出，虽然三个阶段类似，但随着压力的提高，除水蒸气的饱和温度随之提高外，汽化阶段的 $(v''-v')$ 和 $(s''-s')$ 值减少，汽化潜热值减少，汽化潜热值随压力提高而减少。当压力提高到 $22.064\,MPa$ 时，$t_s =$

374 ℃，此时 $v'' = v'$，$s'' = s'$。饱和水和干蒸汽不再有区别，成为同一状态点，此点称为临界状态点，如图 2-3 中 C 点所示。临界状态的参数称为临界参数。水蒸气的临界参数值为：

$$p_c = 22.064 \text{ MPa}$$

$$t_c = 374 \text{ ℃}$$

$$v_c = 0.003\ 106 \text{ m}^3/\text{kg}$$

临界状态的出现说明，若在临界压力 22.064 MPa 下对 0 ℃ 的未饱和水定压加热，当温度升高到饱和温度 374 ℃ 时，液体将连续地由液态变为气态，汽化在瞬间完成。汽化过程不再存在两相共存的湿蒸汽状态，水与汽的状态参数完全相同，水与汽的差别完全消失，汽化潜热 $r = 0$。

如果在更高的压力下对水定压加热，只要压力大于临界压力，汽化过程均和临界压力下的一样，都在温度达到临界温度时，瞬间完成汽化过程。由此可知，只要温度大于临界温度，不论压力多大，其状态均为气态。也就是说此时温度若保持不变则不可能采用单纯的压缩方法使蒸汽液化。

图中的状态点 a_1、a_2、a_3、…为不同压力下 0 ℃ 的未饱和水的状态点。由于水的压缩性极小，可认为其比体积不随压力而变化，在 $p-v$ 图上这些状态点的连线为垂直于 v 坐标轴的直线。在 $T-s$ 图上，这些状态点因温度相同而重合。

点 b_1、b_2、b_3、…为不同压力下饱和水的状态点。当压力依次升高时，饱和水的比体积和熵都逐渐增加。因此，在 $p-v$ 图和 $T-s$ 图上，饱和水的状态点均随压力升高而向右移动。将 $p-v$ 图和 $T-s$ 图中不同压力下的饱和水状态点连接起来，得曲线 MC，该曲线称为饱和水线，又称为下界限线。

点 d_1、d_2、d_3、…为不同压力下干蒸汽的状态点。随压力升高，干饱和蒸汽的比体积和熵将逐渐减小。因此，在 $p-v$ 图和 $T-s$ 图上，干蒸汽的状态点均随压力升高而向左移动。将 $p-v$ 图和 $T-s$ 图中不同压力下的干蒸汽状态点连接起来，得曲线 NC，该曲线称为干蒸汽线，又称为上界限线。

上述两曲线的交点为临界点 C，两线合在一起称为饱和线。

饱和线将水蒸气的 $p-v$ 图和 $T-s$ 图分为三个区域：饱和水线左侧为饱和水区域；干饱和蒸汽线 CN 右侧为过热蒸汽区域；下界限线和上界限线之间的区域为湿饱和蒸汽区域。

综上所述，水的相变过程在水蒸气的 $p-v$ 图和 $T-s$ 图上所表示的规律可归纳为一点、两线、三区和五态：临界点 C；下界限线 CM 和上界限线 CN；未饱和水区域、湿饱和蒸汽区域和过热蒸汽区域；未饱和水状态、饱和水状态、湿饱和蒸汽状态、干饱和蒸汽状态和过热蒸汽状态。

火电厂中，给水在锅炉内吸收的总热量就是由前述的液体热、汽化热和过热热三部分组成。其中液体热主要在省煤器内吸收，汽化热主要在水冷却壁内吸收，过热热则在过热器内吸收。当压力升高时液体热和过热热所占的比例增大，汽化热所占的比例缩小，则锅炉的蒸发受热面应该减少，而预热受热面和过热受热面应该增大。因此，随着压力的增高，锅炉炉膛水冷壁的受热面将减少，水平烟道中过热器的受热面积将增大。此时不必把锅炉炉膛中的水冷壁都做成蒸发受热面，可把一部分过热受热面由水平烟道移入炉膛，顶棚过热器、屏式过热器就是为此而设置的。另外，大机组锅炉都采用非沸腾式省煤器。

在锅炉中，汽包内的水从下降管往下流动到下联箱，再进入水冷壁，在水冷壁中吸热，变成汽上升到汽包，这一循环是依靠汽、水的密度差来进行的，这种循环方式称为自然循环，锅炉称为自然循环锅炉。而随着压力的升高，汽、水密度差将减少，汽、水自然循环将变得困难，故当压力在 19 MPa 以上时必须采用强迫循环锅炉。当压力超临界时，由于饱和水和饱和蒸汽之间的差别已经完全消失，一般具有汽包的锅炉不再适用，只能采用直流锅炉。

任务二　水蒸气表和焓熵图的应用

一、水蒸气表

水蒸气表是确定水蒸气状态参数的重要工具之一，它具有准确度高的优点。

1. 零点的规定

根据国际规定，通常以三相点（611.66 Pa、273.16 K）下的饱和水作为基准点，规定其热力学能和熵的值为零。

在工程计算中，一般近似认为 0 ℃时水的热力学能、焓和熵的值为零。

2. 水蒸气热力学性质表

常用的水蒸气热力学性质表有"饱和水与干饱和蒸汽的热力性质表"及

"未饱和水与过热蒸汽热力性质表"两种。详见本书附录中附表 5 ~ 附表 7。

"饱和水与干饱和蒸汽的热力性质表"有两种编排式:一种按温度排列,相应的列出饱和压力和饱和水及干蒸汽的比体积、焓、熵和汽化潜热;另一种按压力排列,相应的列出饱和温度和饱和水及干蒸汽的比体积、焓、熵和汽化潜热。

"未饱和水与过热蒸汽热力性质表"中,根据不同温度和不同压力,相应地列出未饱和水和过热蒸汽的比体积、焓和熵。用粗黑线分隔,粗线上方为未饱和水的参数,粗线下方为过热蒸汽的参数。

因热力学能在工程计算中应用较少,故其数值在上述各表中一般都不列出,如果需要,可根据 $u = h - pv$ 通过计算得出。

湿蒸汽的状态参数不能直接查出,但湿蒸汽是由饱和水和干蒸汽所组成,故可利用"饱和水和干饱和蒸汽的热力性质表",根据干度以及该压力下饱和水和干蒸汽的状态参数按下列各式计算出来:

$$v_x = (1 - x)v' + xv''$$
$$h_x = (1 - x)h' + xh''$$
$$u_x = h_x - p_x v_x$$
$$s_x = (1 - x)s' + xs''$$

式中,v'、h'、s' 顺次为饱和水的比体积、热力学能、焓、熵;v''、h''、s'' 顺次为干蒸汽的比体积、焓、熵;v_x、u_x、h_x、s_x 顺次为湿蒸汽的比体积、热力学能、焓、熵。

在使用水和水蒸气热力性质表时,常需先根据已知参数确定状态,以决定所需要使用的表。我们通常根据不同状态下水蒸气状态参数的特点进行判断:对于饱和水,当其压力一定时,温度小于饱和值,其他参数小于相应的饱和水的状态参数值。对于饱和水,当其压力一定时,温度具有饱和值,其他参数值等于相应的饱和水的状态参数值。对于湿饱和蒸汽,当其压力一定时,温度具有饱和值,其他参数值介于饱和水和干饱和蒸汽的状态参数值之间。对于干饱和蒸汽,当其压力一定时,温度也具有饱和值,其他参数值等于相应的干饱和蒸汽的状态参数值。对于过热蒸汽,当其压力一定时,温度高于饱和值,其他参数值均大于相应的干饱和蒸汽的状态参数值。

【例 2 -1】　10 kg 的水,处于 0.1 MPa 下时的饱和状态,当压力不变时;(1) 其温度为多少度? (2) 若测得 10 kg 中含蒸汽 2.5 kg,含水 7.5 kg,则水蒸气处于何种状态？此时的温度应为多少？焓值为多少？（3）若其温度变为150 ℃，则又处于何种状态？

解：（1）查按压力排列的饱和水蒸气表知 $p = 0.1$ MPa 时，饱和水温度 $t_s = 99.64$ ℃。

（2）10 kg 工质中既含蒸汽又含水，处于汽水共存状态，为湿蒸汽。其温度为饱和温度 $t_s = 99.64$ ℃，其干度为：

$$x = \frac{2.5}{10} = 0.25$$

查按压力排列的饱和水蒸气表知：

$$p = 0.1 \text{ MPa 时}, \quad h' = 417.52 \text{ kJ/kg}, \quad h'' = 2\,675.14 \text{ kJ/kg}$$

此时湿蒸汽的焓为：

$$h_x = xh'' + (1 - x)h' = 0.25 \times 2\,675.14 + (1 - 0.25) \times 417.52$$
$$= 981.93 \text{（kJ/kg）}$$

（3）因 $t = 150$ ℃ $> t_s = 99.64$ ℃，故此处于过热蒸汽状态。其过热度为：

$$D = t - t_s = 150 - 99.64 = 50.36（℃）$$

二、水蒸气的焓熵图

利用水蒸气表求取状态参数，所得值比较准确，但水蒸气表不能将所有数据全部列出，常需使用线性插值公式进行计算，湿蒸汽的状态参数也必须通过计算才能获得，因此，水蒸气表使用起来多有不便。通常在实际工程分析和计算中，我们还经常使用水蒸气的焓熵图，利用焓熵图不但使状态参数查取简便，而且使蒸汽热力过程的分析更直观、清晰和方便。

以焓为纵坐标，以熵为横坐标所构成的焓熵图，是根据水蒸气热力性质表上所列数据绘制而成的，其结构如图 2 - 4 所示。图上绘有定压线群、定容线群、定温线群和定干度线群等四组线群。

（一）定压线群

定压线群在焓熵图上为一组自左下方向右上方延伸的呈发散状的线群，从右到左压力逐渐升高。在湿蒸汽区，因压力一定时温度不变，故定压线是斜率为常数的直线。在过热蒸汽区，定压线的斜率随着温度的增加而增加，故为向上翘的曲线。

（二）定温线群

在湿蒸汽区，一个压力对应一个饱和温度，因此定温线和定压线重合，

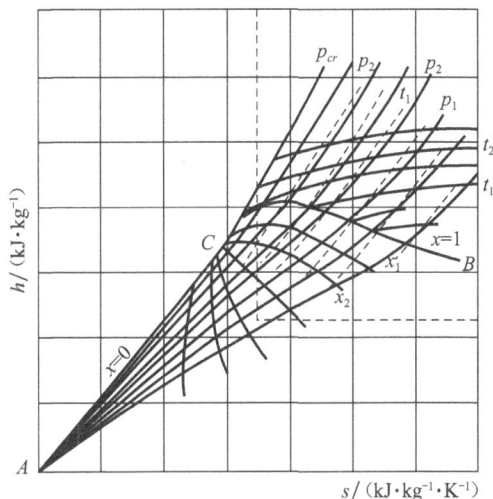

图 2-4　水蒸气的 $h-s$ 图

定压线就是定温线。在过热蒸汽区，定温线向右上倾斜，向右伸展到低压区时，逐渐趋向水平，温度高的定温线在上，温度低的定温线在下。

（三）定干度线群

定干度线即 x 等于常数的曲线群，与 $x=1$ 线的延伸方向大致相同。定干度线只有在湿蒸汽区内才有，干度值大的定干度线在上，干度值小的定干度线在下。

（四）定容线群

定容线群为一组由左下方向右上方延伸的曲线，其延伸方向与定压线相近，但比定压线陡峭。与定压线群相反，定容线群从右到左比体积逐渐减小。

因蒸汽动力装置中应用的水蒸气多为干度较高的湿蒸汽及过热蒸汽，故使用的焓熵图上仅给出水蒸气的三个状态：$x=1$ 线上各点为干饱和蒸汽状态；$x=1$ 线的上方为过热蒸汽区，该区内所有的点为过热蒸汽状态；$x=1$ 线的下方为湿蒸汽区，该区内所有的点表示湿蒸汽状态。因干度小于 50% 的部分线图过于密集，工程上也不经常用这部分线群，故为使图面清晰起见，一般用的焓熵图均只绘出 $x>0.6$ 的部分。

水蒸气的焓熵图以其直观、方便弥补了水蒸气表的不足，在简化确定水蒸气状态参数以及分析水蒸气热力过程方面有着水蒸气表不可替代的优越性，是工程广泛采用的一种重要工具。

实际应用时，常常将水蒸气表与焓熵图配合使用，当计算分析涉及未饱和水和干度较低的湿蒸汽时，则辅以水蒸气热力性质表。

三、$h-s$ 图的应用举例

如果已知过热蒸汽的压力和温度，很容易通过"找交点"的方法在 $h-s$ 图上确定蒸汽的状态，查得相应的 h 和其他参数的数据。同样的道理，若已知湿蒸汽的压力（或温度）和干度，也很容易在 $h-s$ 图上确定其状态点，进而读出相应的参数。

【例 2-2】 水蒸气在汽轮机内膨胀做功。

水蒸气进入汽轮机时 $p_1 = 5$ MPa，$t_1 = 400$ ℃，排出汽轮机时 $p_2 = 0.005$ MPa，水蒸气流量为 100 t/h。假设水蒸气在汽轮机内的膨胀可逆绝热，求乏汽干度和温度及汽轮机的功率。

解：利用 $h-s$ 图计算。

初态参数：已知 $p_1 = 5$ MPa，$t_1 = 400$ ℃，如图 2-5 所示，从 $h-s$ 图上找出 $p = 5$ MPa 的定压线和 $t = 400$ ℃的定温线，两线的交点即为初态参数状态点 1，读得：

$$h_1 = 3\ 195\ \text{kJ/kg}$$

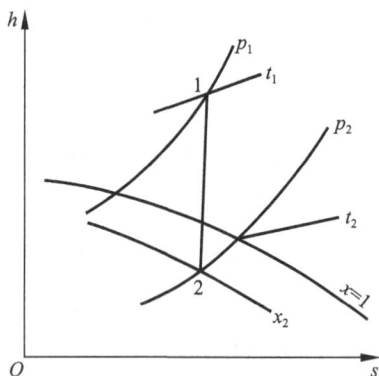

图 2-5 可逆绝热过程

终态参数：已知终压 $p_2 = 0.005$ MPa，因为是可逆绝热膨胀，故熵不变。从点 1 向下作垂直线交 $p = 0.005$ MPa 的定压线于点 2，即终态点，直接读得：

$$h_2 = 2\ 026\ \text{kJ/kg}, \quad x_2 = 0.78$$

从点 2 是不能直接读出乏汽的温度的，但是在湿蒸汽区定温线和定压线是重合的，因此，点 2 的温度等于 $p = 0.005$ MPa 的定压线与 $x = 1$ 的干饱和蒸汽线的交点处的温度，从 $h-s$ 图上可以读出 $t_2 \approx 33$ ℃。

1 kg 蒸汽在汽轮机内做的技术功为：

$$w_t = h_1 - h_2 = 3\ 195 - 2\ 026 = 1\ 169\ (\text{kJ/kg})$$

汽轮机功率为：

$$P = \frac{mw_t}{t} = \frac{100 \times 10^3 \times 1\,169}{3\,600} = 32\,472.2\,(\text{kW})$$

【例 2 - 3】 蒸汽在过热器内定压加热。

从锅炉汽包出来的蒸汽，其压力 $p = 2$ MPa，干度 $x = 0.9$，进入过热器内定压加热，温度升高至 $t_2 = 300\ ℃$，求每千克蒸汽在过热器中吸收的热量。

解： 如图 2 - 6 所示，根据 p 和 x，在 $h - s$ 图上确定点 1。沿定压线与 $t_2 =$ 300 ℃相交于点 2，并查得以下参数：

$$h_1 = 2\,023\ \text{kJ/kg}, \quad h_2 = 2\,610\ \text{kJ/kg}$$

蒸汽在过热器中吸收的热量为：

$$q = h_2 - h_1 = 2\,610 - 2\,023 = 587\,(\text{kJ/kg})$$

例 2 - 2 和例 2 - 3 也可以用水蒸气热力性质表来做，但过程要复杂一些，请有兴趣的读者自己完成。

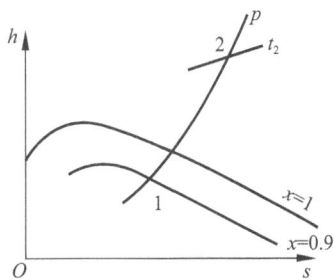

图 2 - 6　例 2 - 3 的示意图

【例 2 - 4】 湿蒸汽的干度测量。

工程上有时利用蒸汽节流来测定湿蒸汽的干度。图 2 - 7 为一节流式湿蒸汽干度测定仪（简称干度计）的示意图。设湿蒸汽进入干度计前的压力 $p_1 =$ 1.5 MPa，经节流后的压力为 $p_2 = 0.2$ MPa，温度 $t_2 = 130\ ℃$。试用 $h - s$ 图确定湿蒸汽的干度。

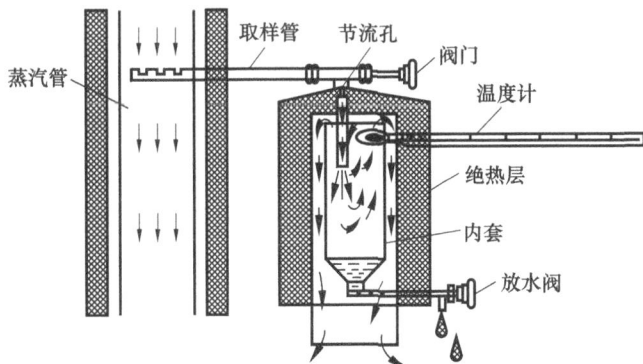

图 2 - 7　湿蒸汽干度测定仪装置示意图

解： 如图 2　8 所示，根据节流后的参数 p_2 和 t_2，即可在 $h - s$ 图上确定过热蒸汽的状态点 2。由于绝热节流前后蒸汽的焓值不变。于是从点 2 出发，沿水平线（等焓线）向左与湿蒸汽节流前的定压线 p_1 相交于点 1，从 $h-s$ 图上可直接读出湿蒸汽的干度 $x_1 = 0.968$。

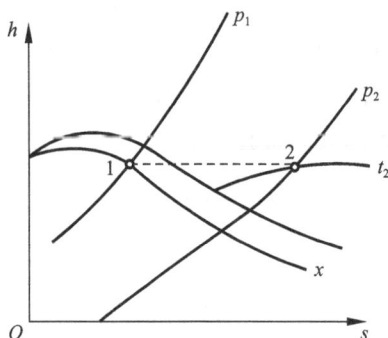

图 2-8　湿蒸汽的绝热节流过程

任务三　水蒸气的基本热力过程分析

一、定压过程

定压过程是蒸汽动力装置循环中实施最普遍的过程，锅炉各换热器内的加热过程、给水在回热加热器内的加热过程、凝汽器中乏汽的放热过程等均可近似地看作可逆过程。

若已知初态点 1 的任意状态参数 p_1、x_1 及终态点 2 的一个状态参数 t_2，则得到其他状态参数，如图 2-9 所示。

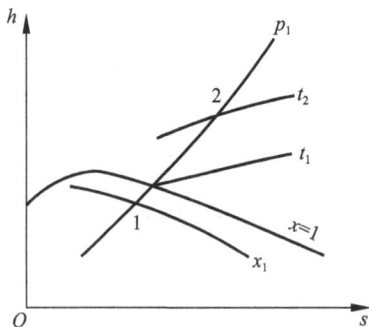

图 2-9　水蒸气的定压加热过程
在 $h-s$ 图上的表示

根据查得的初、终态点的各参数，结合过程特点，利用能量方程式得到：

$$q = h_2 - h_1 \qquad (2-8)$$

即定压过程的热量等于焓差。

二、绝热过程

绝热过程在蒸汽动力装置循环中也是实施较普遍的一个过程，如水蒸气在汽轮机内的膨胀过程、水在水泵中的升压过程等都是绝热过程。如果在绝热过程中不考虑摩擦等不可逆因素，则可逆的绝热过程是定熵过程。在此我们均按定熵过程来处理。

若已知定熵过程初态点 1 的两个状态参数 p_1、t_1 及终态点 2 的一个状态参数 p_2，则可在 $h - s$ 图上确定过程的初、终态点，并得到其他状态参数，如图 2 - 10 所示。

根据查得的初、终态点的各参数，结合过程特点利用能量方程式得到：

$$w_t = - \Delta h = h_1 - h_2 \qquad (2-9)$$

即定熵过程的技术功等于焓降。

在蒸汽动力循环中，工质在锅炉中定压吸收热量以增加本身的焓值，定压过程的吸热量等于过程中工质的焓增。具有一定焓值的过热蒸汽再送入汽轮机，将此焓值转换为技术功对外输出，定熵过程的技术功等于过程中工质的焓降。这样，工质的热能就转换成了机械能。

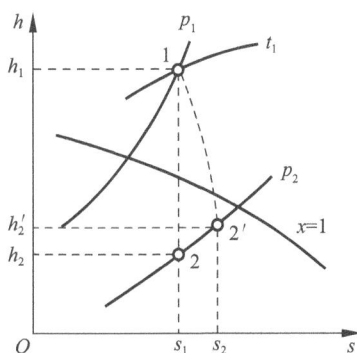

图 2 - 10 水蒸气不可逆绝热过程在 $h - s$ 图上的表示

工程上，水蒸气在汽轮机中的绝热膨胀过程和水在水泵中的绝热过程因存在摩擦等不可逆因素，都不是定熵过程，而是熵增过程。因此，在汽轮机中，相同条件下，实际绝热过程的终态参数，都不是定熵过程终态的参数。例如，已知初态参数 p_1、t_1 和终态参数 p_2，分别按定熵膨胀过程 1 - 2 和实际绝热膨胀过程 1 - 2′进行，如图 2 - 10 所示。从图上可知，由于不可逆因素的存在，1 - 2′过程的 $\Delta s > 0$，终态参数为 p_2、h_2'、v_2'等。

显然，实际绝热过程的终态参数值决定于不可逆因素影响的程度。在汽轮机中，用相对内效率 η_{ri} 来反映水蒸气实际绝热膨胀过程的不可逆程度。η_{ri} 定义为：

$$\eta_{ri} = \frac{h_1 - h_2'}{h_1 - h_2} = \frac{w_t'}{w_t} \qquad (2-10)$$

式中 $(h_1 - h_2')$、w_t'为实际绝热膨胀过程的焓降和技术功；$(h_1 - h_2)$、w_t 为等熵膨胀过程的焓降和技术功。

【例2-5】 给水在200 ℃下送入锅炉，在其中定压加热成过热蒸汽。$p = 10$ MPa，$t_2 = 550$ ℃。试求每千克水在锅炉中加热成过热蒸汽所吸入的热量。

解： 根据所给的初态参数 $p_1 = 10$ MPa，$t_1 = 200$ ℃可知工质处于未饱和水状态。根据水蒸气表，此状态的焓为 $h_1 = 855.88$ kJ/kg。

再由终态参数 $p_2 = 10$ MPa，$t_2 = 550$ ℃可知工质为过热蒸汽状态，直接由焓熵图查得 $h_2 = 3\,500.4$ kJ/kg。

利用式（2-8）可算出每千克水在锅炉中加热成过热蒸汽所吸入的热量为 $q = h_2 - h_1 = 3\,500.4 - 855.88 = 2\,645.52$（kJ/kg）。

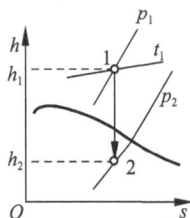

图2-11　例2-6的图

【例2-6】 汽轮机进口水蒸气的参数为：$p_1 = 9.0$ MPa，$t_1 = 500$ ℃，水蒸气在汽轮机中可逆绝热膨胀到 $p_2 = 0.004$ MPa，试求单位质量蒸汽流经汽轮机时对外所做的功。

解： 由 $p_1 = 9.0$ MPa，$t_1 = 500$ ℃查焓熵图得：

$$h_1 = 3\,385 \text{ kJ/kg}$$

再由1点走定熵线与 $p_2 = 0.004$ MPa交于2点（见图2-11），读得 $h_2 = 2\,005$ kJ/kg，利用式（2-9）得：

$$w_t = -\Delta h = h_1 - h_2 = 3\,385 - 2\,005 = 1\,380 (\text{kJ/kg})$$

任务四　湿空气性质分析

一、湿空气与干空气

地球表面及江、河、湖、海总会不断有水蒸气蒸发变为蒸汽，散布于空气中，使空气里含有水蒸气，这种含有水蒸气的空气称为湿蒸汽。人类就生活在湿空气中。不含水蒸气的空气称为干空气。湿空气可以看作是干空气和湿空气的混合物。

干空气可以按理想气体对待。湿空气中的水蒸气，一般含量很小，分压力很低，这样稀薄的蒸汽也完全可以按理想气体来对待。因此湿空气可以当作理想气体混合物来处理。

根据道尔顿分压定律，干空气分压力与水蒸气分压力之和为湿空气的压力，即大气压力：

$$p_{b} = p_{\mp} + p_{汽}\qquad(2-11)$$

湿空气与单纯气体组成的混合物的不同之处在于，单纯气体混合物的各组成成分是恒定不变的，而湿空气中的水蒸气含量则常常随温度的变化而发生改变。

二、未饱和湿空气、饱和湿空气与露点

根据湿空气中水蒸气所处的状态不同，可以将湿空气分为未饱和湿空气与饱和湿空气两大类。

1. 未饱和湿空气

若湿空气中的水蒸气处于过热蒸汽状态，我们称这种状态下的湿空气为未饱和湿空气。此时水蒸气的分压力低于当时温度所对应的饱和压力，水蒸气的含量还没有达到最大值。此时的湿空气显然具有吸湿的能力，它能容纳更多的水蒸气。

自然界中的空气大多处于未饱和湿空气状态。通常水蒸气的分压力只有20～30 mmHg①，与其相对应的水蒸气饱和温度也很低，远低于当时的湿空气的温度，故湿空气中的水蒸气大都处于过热蒸汽状态。

2. 饱和湿空气

如果饱和湿空气的温度不变，而增加其中水蒸气的含量，则水蒸气的分压力随之增高。当湿空气中水蒸气的分压力达到了当时温度所对应的饱和压力时，水蒸气达到饱和状态，这种由饱和水蒸气和干空气组成的湿空气称为饱和湿空气。饱和湿空气中的水蒸气含量达到最大限度，不再具有吸湿能力。

3. 露点

如果保持未饱和湿空气中水蒸气的含量不变，分压力不变，而降低湿空气的温度，当温度降低到水蒸气分压力所对应的饱和温度时，水蒸气也达到饱和状态。此时若再冷却，湿空气中的水蒸气会凝结，以水滴的形式从湿空气中分离出来，这种现象称为结露。在夏末秋初的早晨，经常可以在植物叶面等物体表面上看到露珠，就是这个缘故。开始结露的温度称为露点，所谓露点就是湿空气中水蒸气的分压力所对应的饱和温度。

显然，湿空气中的水蒸气含量越多，其分压力越高，它所对应的饱和温

———————————

① 1 mmHg = 133.28 Pa。

度也越高；反之，湿空气中的水蒸气含量越少，则其分压力越低，露点也越低。如果露点低于 0 ℃，水蒸气直接凝结成霜。因而露点的测定可以预报是否有霜冻的出现。

露点是湿空气的一个重要状态参数，露点温度的高低可以说明湿空气的潮湿程度。在湿空气温度一定的条件下，露点温度越高说明湿空气中水蒸气的分压力越高，水蒸气的含量越多，湿空气反而越潮湿；反之，湿空气越干燥。

在火电厂中，露点温度对锅炉的设计和运行有重要的实际意义。锅炉尾部受热面省煤器和空气预热器的堵灰及腐蚀与露点温度有很大关系。当尾部受热面的金属壁温低于烟气中硫酸蒸气的露点温度时，硫酸溶液将会对管壁造成严重腐蚀，同时还会生成粘结性积灰。

三、绝对湿度与相对湿度

湿空气既然是干空气和水蒸气的混合物，因此要确定它的状态，除了必须知道湿空气的温度和压力外，还必须知道湿空气的成分，特别是湿空气中所含水蒸气的量。

为了表示湿空气中水蒸气含量的多少，引进湿度的概念。所谓湿度，是指湿空气中所含水蒸气的分量。

1. 绝对湿度

$1 \ m^3$ 的湿空气中所含的水蒸气的质量称为湿空气的绝对湿度。绝对湿度的数值等于在湿空气的温度和水蒸气的分压力下水蒸气的密度 ρ_v，单位为 kg/m^3。若保持湿空气的压力和温度不变，空气中的水蒸气含量越多，分压力越大，则绝对湿度就越大。当水蒸气的分压力达到当时温度所对应的饱和压力时，绝对湿度为最大，即：

$$\rho_v = \rho'' = \rho_{max}$$

绝对湿度虽然反映了湿空气中实际所含水蒸气质量的多少，但不能直接反映出湿空气中的水蒸气是饱和状态还是过热状态，即不能反映出湿空气是饱和湿空气还是未饱和湿空气，以及未饱和湿空气偏离饱和状态的程度。所以说，绝对湿度的大小不能完全说明湿空气的潮湿程度和吸湿能力。

2. 相对湿度

通常用相对湿度表示湿空气吸湿能力的大小。相对湿度是湿空气的实际绝对湿度和同温下可能达到的最大绝对湿度的比值，用符号 φ 来表示。同温下最大绝度湿度也就是同温下饱和湿空气的绝对湿度，即饱和蒸汽的密度 ρ''。故有：

$$\varphi = \frac{\rho_{汽}}{\rho''} \qquad (2-12)$$

从式（2-12）可以看出，通常情况下，相对湿度的值介于 0~1 之间，它反映了湿空气中水蒸气含量接近饱和的程度。其值越小，表示湿空气中水蒸气的状态离饱和状态越远，湿空气的吸湿能力越强；其值越大，表示湿空气中水蒸气的状态离饱和状态越近，湿空气的吸湿能力越弱。干空气的相对湿度为 0，具有最大的吸湿能力；饱和湿空气的相对湿度为 1，没有吸湿能力。

由于湿空气中的水蒸气可以看作是理想气体，由理想气体的状态方程得：

$$\rho = \frac{1}{v} = \frac{p}{R_g T}$$

$$\varphi = \frac{\rho_{汽}}{\rho''} = \frac{p_{汽}}{p_s} \qquad (2-13)$$

式中，p_s 是湿空气温度下水蒸气的最大分压力，即湿空气温度下水蒸气的饱和压力。

相对湿度比绝对湿度更有实用价值。当空气的绝度温度不变时，若温度不同，体现出来的干湿程度就不同。如果温度较高，则该温度所对应的水蒸气的饱和压力就高，这时的湿空气离饱和状态就越远，相对湿度就越小，具有较强的吸湿能力；如果温度较低，则该温度对应的水蒸气的饱和压力就低，离饱和状态就越近，相对湿度就越大，就会感到阴冷和潮湿。如冬季室内开放暖气就会感到干燥；夏季人们往往感到炎热的中午空气干燥，而深夜则空气潮湿，就是这个道理。所以，相对湿度能更好地表明湿空气的干燥程度。

火电厂锅炉制粉系统中煤的烘干就是利用未饱和湿蒸汽与之接触吸收其中的水分。为了提高湿蒸汽的吸湿能力，湿空气在进入磨煤机之前先进入空气预热器中加热，使之变为热空气。冷却水塔中循环冷却水的冷却也是利用未饱和湿空气与之接触，使水分蒸发，从循环水中吸收汽化潜热而使水得到冷却，温度降低。

3. 相对湿度的测定

相对湿度通常应用干湿球温度计来测量。干湿球温度计是两只相同的普

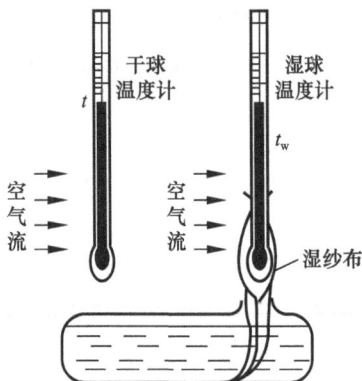

图 2 - 12　干湿球温度计

通玻璃管温度计，如图 2 - 12 所示。一支用浸在水槽中的湿纱布包着的温度计，称为湿球温度计；另一支即普通温度计，相对前者称为干球温度计。测量时将干湿球温度计放在通风处，使空气掠过两支温度计。当湿空气为未饱和湿空气时，湿纱布表面的水分会蒸发，水蒸发需要吸收汽化潜热，从而使纱布上的水温度降低，此时湿球温度 t_w 低于干球温度 t。湿空气的相对湿度 φ 越小，湿纱布上的水分蒸发就越快，湿球温度 t_w 较干球温度 t 就低得越多；相反，湿空气的相对湿度 φ 越大，湿纱布上的水分蒸发就越慢，湿球温度 t_w 与干球温度 t 相差就越小。当湿空气的相对湿度 $\varphi = 1$ 时，湿纱布上的水分不蒸发，此时湿球温度 t_w 等于干球温度 t。根据测得的湿球温度 t_w 和干球温度 t，查相应的表或图即可得到湿空气的相对湿度 φ。

【例 2 - 7】　室内空气参数为 $p = 0.1$ MPa，$t = 30$ ℃，如已知相对湿度 $\varphi = 40\%$，试计算空气中水蒸气的分压力和露点温度。

解：由饱和水蒸气表查得 30 ℃时 $p_s = 0.004\,245$ MPa。

根据式(2 - 13)得：

$$p_v = \varphi p_s = 0.4 \times 0.004\,245 = 0.001\,698\,04(\text{MPa})$$

从饱和水蒸气表上查得 p_v 对应的饱和温度即为露点温度。

任务五　蒸汽流动过程分析

一、稳定流动的基本方程式

一般情况下，动力工程常见的管道内工质的流动都是稳定的或接近稳定的，汽轮机在稳定工况下运行即是稳定流动的例子。为分析简单起见，在流动过程中，仅考虑沿流动方向的状态和流速变化，认为流动是一维稳定的流动。

根据已学过的热力学基本知识来分析工质的稳定流动，所用到的基本方程式归纳起来不外乎是质量守恒方程、能量守恒方程以及反映工质状态变化的过程方程。

（一）连续性方程式

连续性方程式是在质量守恒定律的基础上建立起来的，可以表述为：单位时间内进入热力系的工质质量与流出热力系的工质质量相等，且等于常数。连续性方程式普通适用于任何工质和任何过程的稳定而连续的流动。

设有一任意流道如图 2-13 所示，流道中截面 1—1 的截面积为 A_1 m²，工质流经此处时的比体积为 v_1 m³/kg，流速为 c_1 m/s。单位时间内流过 1—1 截面的质量 q_{m1} 应为：

$$q_{m1} = \frac{A_1 c_1}{v_1}$$

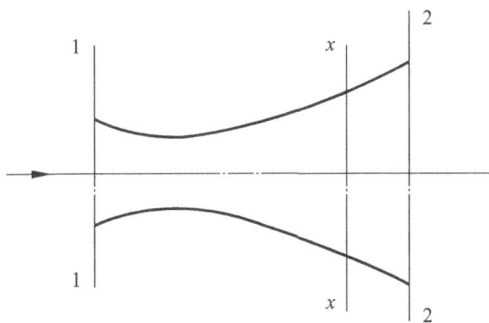

图 2-13　通过流道的一维稳定流动

同理，对 2—2 截面有：

$$q_{m2} = \frac{A_2 c_2}{v_2}$$

根据能量守恒定律，各截面的质量应相等，即：

$$q_m = \frac{A_1 c_1}{v_1} = \frac{A_2 c_2}{v_2} = \frac{Ac}{v} = 常数 \qquad (2-14)$$

式（2-14）为稳定流动的连续性方程式，它给出了流速、截面积与比体积之间的关系。这个关系式是计算管道截面积和流量的基本公式。

（二）能量方程式

热力学第一定律得出的稳定流动的能量方程式为：

$$q = (h_2 - h_1) + \frac{1}{2}(c_2^2 - c_1^2) + g(Z_2 - Z_1) + w_s \qquad (2-15)$$

该式应用于短管时可简化为：

$$h_2 - h_1 = \frac{1}{2}(c_2^2 - c_1^2) \qquad (2-16a)$$

即工质在管道内作稳定绝热流动时，其动能的增加等于工质的绝热焓降，也可以表示为：

$$h_1 + \frac{c_1^2}{2} = h_2 + \frac{c_2^2}{2} = h + \frac{c^2}{2} = 常数 \qquad (2-16b)$$

式（2-16b）为工质在管道内稳定绝热流动的能量方程式。它表明：工质作稳定绝热流动又不做功时，任一截面上的焓与动能之和等于常数。换而言之，工质速度的增加是由于工质焓的减少；反之，工质速度的减少将使工质的焓增加。

式（2-16）写成微分形式为：

$$dh + \frac{dc^2}{2} = 0$$

得：

$$cdc = -dh$$

根据热力学第一定律的解析式，对于绝热过程有：

$$dq = dh - vdp = 0$$

即：

$$dh = vdp$$

则有：

$$cdc = -vdp \qquad (2-17)$$

式（2-17）说明，在流动过程中，欲使工质流速增加，必须有压力降低。所以，压差是提高工质流动速度的必要条件，也是流速提高的动力；反之，欲使工质的压力升高，必须使工质流速减小。

凡是用来使气流降压增速的短管称为喷管，凡是用来使气流增压减速的短管称为扩压管。

喷管在火电厂中的应用非常广泛，它是汽轮机的重要部件。由锅炉产生的过热蒸汽进入汽轮机后，首先进入喷管，在喷管中降压增速，将热蒸汽的热能转变为动能。喷管除应用于汽轮机的做功过程外，在锅炉气力除灰系统和测定流量时都有应用。

（三）过程方程式

工质在管内绝热稳定流动时，若忽略摩擦和扰动，则可视为可逆绝热流动，即等熵流动。过程方程式为：

$$pv^k = 常数 \qquad (2-18)$$

它表明了工质在定熵流动过程中的压力和比体积之间的变化关系。式中，k 为绝热指数，对于理想气体，$k = c_p/c_v$；对于水蒸气，k 为经验数据，且为变量，其值为：

过热蒸汽：$k = 1.30$；干饱和蒸汽：$k = 1.135$；湿饱和蒸汽：$k = 1.035 + 0.1x$。

上述三个基本方程式是分析管内绝热稳定问题的理论依据，是本任务分析计算的基础。

二、工质在喷管中的定熵流动

（一）声速和马赫数

在气体高速流动的分析中，声速及马赫数是十分重要的两个参数。

从物理学中知道，声速是微弱扰动波在连续介质中的传播速度，用符号 a 表示。常可将该传播过程看作是定熵过程。

在状态参数为 p、v 的工质中，声速的计算式为：

$$a = \sqrt{kpv} \qquad (2-19)$$

由声速的计算式可知，声速与流体的性质和状态有关。故通常所说的声速是指工质某一状态下的声速值，称为当地声速。工质在流动中状态参数沿流动方向不断变化，当地声速也随之变化。

在分析流体的流动时，常以声速作为流体速度的比较标准。人们把气流中任一截面上工质的流速 c 与当地声速的比值称为该截面气流的马赫数，用 Ma 表示，即：

$$Ma = \frac{c}{a} \qquad (2-20)$$

根据马赫数的值，可将流动分为三类：$Ma < 1$，亚声速流动；$Ma = 1$，等声速流动；$Ma > 1$，超声速流动。

（二）流速变化与喷管截面变化的关系

利用上述绝热稳定流动的三个基本方程，通过理论推导（忽略），可得到以马赫数为参变量的截面积与流速变化的关系如下：

$$\frac{\mathrm{d}A}{A} = (Ma - 1)\frac{\mathrm{d}c}{c} \qquad (2-21)$$

该式称为管内流动的特征方程，它说明了管内流动时速度变化需要的几何条件。

对于喷管而言，增加流体流速是其主要目的。根据特征方程式（2-21）可知，亚声速气流和超声速气流在喷管中流动时，对管道截面面积的变化规律要求不同。具体分析如下：

① 当亚声速气流进入喷管时，$Ma < 1$，要使 $\mathrm{d}c > 0$，则必须使 $\mathrm{d}A < 0$。这表明亚声速气流为降压增速进入喷管流动时，要求沿流动方向喷管截面面积应逐渐缩小。这种沿流动方向流道截面积逐渐减小（$\mathrm{d}A < 0$）的喷管称为渐缩喷管，如表 2-1 所示。

② 当超声速气流进入喷管时，$Ma > 1$，要使 $\mathrm{d}c > 0$，则必须使 $\mathrm{d}A > 0$。这表明超声速气流为降压增速进入喷管流动时，要求沿流动方向喷管截面面积应逐渐增大。这种沿流动方向流道截面积逐渐增大（$\mathrm{d}A > 0$）的喷管称为渐扩喷管，如表 2-1 所示。

③ 工程上许多场合要求将流体从 $Ma < 1$ 连续加速到 $Ma > 1$，则喷管截面变化必然是先收缩而后扩张，中间有一最小截面。这最小截面处称为喉部，是亚声速与超声速气流的转折点。这种先收缩后扩张的喷管称为缩放喷管，又称拉伐尔喷管，如表 2-1 所示。

表 2-1　喷管与扩压管的截面积变化与流速的关系

管道形状　　管道种类	流动状态		
	$Ma < 1$	$Ma > 1$	渐缩渐扩喷管 $Ma < 1$ 转 $Ma > 1$ 渐缩渐扩扩压管 $Ma > 1$ 转 $Ma < 1$
喷管 （$\mathrm{d}c_1 > 0$，$\mathrm{d}p < 0$）	$p_2 < p_1$　$\mathrm{d}A < 0$	$p_2 < p_1$，$\mathrm{d}A > 0$	$Ma < 1$　$Ma = 1$　$Ma > 1$ $p_2 < p_1$
扩压管 （$\mathrm{d}c_1 < 0$，$\mathrm{d}p > 0$）	$p_2 > p_1$，$\mathrm{d}A > 0$	$p_2 > p_1$，$\mathrm{d}A < 0$	$Ma > 1$　$Ma = 1$　$Ma < 1$ $p_2 > p_1$

在渐缩喷管中，喷管的出口速度一般比当地声速小（$Ma < 1$），最多等于当地声速（$Ma = 1$），绝不会超过当地声速；而在缩放喷管中，流体速度在渐缩部分增至当地声速（$Ma = 1$），再经渐扩部分速度继续增加，达到超声速（$Ma > 1$）。管道截面形状一定要符合流体加速对截面积变化的要求，才能保证流体在喷管中充分膨胀，达到理想的效果。

工程上喷管进口流速一般较低，Ma 总是小于 1，而进口处 $Ma > 1$ 的渐扩喷管几乎不单独使用。因此，在热力过程上，常用喷管为渐缩喷管和缩放喷管。

（三）临界参数

缩放喷管中，最小截面即喉部截面积处的流速是 $Ma = 1$ 的等声速流动，该截面是 $Ma < 1$ 的亚声速流动与 $Ma > 1$ 的超声速流动的转折点，称为临界截面。临界截面上的状态参数称为临界参数，用下标 cr 表示，如临界压力 p_{cr}、临界流速 c_{cr}、临界流量 $q_{m,cr}$ 等。

渐缩喷管的出口流速在极限条件下可增加到 $Ma = 1$，此时的出口参数也是临界参数。

三、喷管的计算

（一）流速计算

由能量方程式（2-16）可得：

$$c_2 = \sqrt{2(h_1 - h_2) + c_1^2} \tag{2-22}$$

式中，c_1、c_2 分别为喷管进口截面流速和喷管出口截面流速；h_1、h_2 分别为喷管进口和出口截面上工质的焓。

通常进口流速 c_1 比出口流速 c_2 要小得多，可以忽略，此时式（2-22）可简化为：

$$c_2 = \sqrt{2(h_1 - h_2)} \tag{2-23}$$

式（2-23）适用于任意工质。

对于水蒸气，初、终两态的焓值可由初、终两态的压力、温度及过程定熵的特性在焓熵图上确定。

（二）临界压力比

临界压力 p_{cr} 与进口（初速 $c_1 \approx 0$）压力 p_1 之比称为临界压力比，用 β_{cr} 表

示，即：

$$\beta_{cr} = \frac{p_{cr}}{p_1} \qquad (2-24)$$

临界压力比的数值取决于工质的性质，不同初态蒸汽的临界压力比的经验数据如下：

过热蒸汽：$\beta_{cr} = 0.546$；干饱和蒸汽：$\beta_{cr} = 0.577$。

临界压力比是一个很重要的参数，根据它才能计算出在一定的进口条件下，气体压力下降到多少时流速恰好等于当地声速，达到临界状态。由上述临界压力比的数值可以看出，当蒸汽的压力大约降到喷管入口压力的一半时，就会出现临界状态。

如前所述，对于渐缩喷管，工质在其中降压增速时，出口流速最大只能达到临界流速 c_{cr}，出口压力最低只能降到临界压力 p_{cr}。因此，当喷管出口外界背压 p_b 大于临界压力 p_{cr}（$p_b > p_{cr}$）时，喷管出口截面处的压力 $p_2 = p_b$，出口速度小于当地声速，$Ma < 1$。随着背压 p_b 的降低，当 $p_b = p_{cr}$ 时，$p_2 = p_b = p_{cr}$，出口速度可达到 $Ma = 1$。若背压 p_b 继续降低，当 $p_b < p_{cr}$ 时，喷管出口截面处的压力仍等于临界压力而不等于背压，即 $p_2 = p_{cr}$，出口流速仍为等声速，由临界压力 p_{cr} 降到背压 p_b 的膨胀在喷管外面完成，这种现象称为膨胀不足。

对于缩放喷管，由于有渐扩部分保证了气流在达到临界流速后的继续膨胀，因此可以获得超声速气流。

为充分利用喷管进口压力 p_1 和出口外的背压 p_b 之间的压差来降压增速，在选择喷管时，可以根据喷管出口外的背压与喷管进口工质初压之比值 p_b/p_1 和临界压力比 β_{cr} 相比较，从而决定选用哪一种类型的喷管。

当 $p_b/p_1 \geq \beta_{cr}$（即 $p_b \geq p_{cr}$）时，应采用渐缩喷管；当 $p_b/p_1 \geq \beta_{cr}$（即 $p_b < p_{cr}$）时，应采用缩放喷管。

（三）流量的计算

流体流经喷管的质量流量可根据连续性方程式（2-14），由任意截面的截面积、流体流速和比体积计算而得。通常取最小截面处进行计算：

$$q_m = \frac{A_2 c_2}{v_2} \qquad (2-25)$$

【例2-8】 干饱和水蒸气在喷管中流动时，喷管进口压力 $p_1 = 0.5$ MPa。绝热膨胀至 $p_2 = 0.4$ MPa，水蒸气的质量流量 $q_m = 0.56$ kg/s，试求渐缩喷管出口处水蒸气流速及出口截面积。

解： 由水蒸气 $h-s$ 图查得喷管进、出口处水蒸气参数值为：

$$h_1 = 2\,745 \text{ kJ/kg}, \quad h_2 = 2\,705 \text{ kJ/kg}, \quad v_2 = 0.45 \text{ m}^3/\text{kg}$$

由式（2-23）求得喷管出口处水蒸气流速为：

$$c_2 = \sqrt{2(h_1 - h_2)} = \sqrt{2 \times (2\,745 - 2\,705) \times 10^3} = 283 (\text{m/s})$$

由连续性方程可得出口截面积为：

$$A_2 = \frac{q_m v_2}{c_2} = \frac{0.56 \times 0.45}{283} = 8.90 \times 10^{-4} (\text{m}^2) = 8.90 (\text{cm}^2)$$

（四）喷管内有摩阻的绝热流动

前面对工质在喷管内绝热流动的讨论均认为是可逆绝热流动，即图 2-14 所示的定熵过程 1-2。而工质在汽轮机喷管内的实际流动过程中，由于流体存在黏性，往往不可避免地存在摩擦，使一部分已经生成的动能重新转化为热能而被工质吸收，所以实际的管内流动过程是不可逆绝热过程，工质的熵是增大的，其过程线在 $h-s$ 图上不是定熵线而是一条熵增线。如图 2-14 虚线所示 1-2'过程即为汽轮机内工质经历的实际绝热流动过程线。

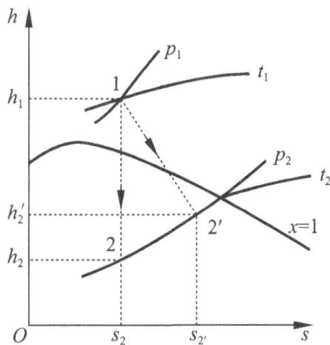

图 2-14 有摩阻的绝热流动过程

由图可知，工质虽然经历了相同的压力降 $(p_1 - p_2)$，但由于有摩擦时的焓降小于可逆绝热流动时的焓降，根据能量方程式（2-15）可知，必然使喷管出口的动能减小，即工质的实际出口流速 c_2' 小于可逆绝热流动时的出口流速 c_2。

工程中常用速度系数 φ 来度量实际出口流速的下降，即：

$$\varphi = \frac{c_2'}{c_2} \tag{2-26}$$

速度系数通常由实验测定，其大小与气体性质、喷管型式、喷管尺寸、壁面粗糙度等因素有关，一般在 0.92~0.98 之间。工程上常按可逆绝热过程先求出 c_2，再由 φ 值修正而求得 c_2'，即：

$$c_2' = \varphi c_2 = \varphi \sqrt{2(h_1 - h_2)} \tag{2-27}$$

四、绝热节流及其应用

(一) 绝热节流的概念

工质在管内流动时，遇到突然缩小的狭窄通道（如阀门、孔板等），由于局部阻力使流体的压力下降的现象称为节流。如果节流过程中流体与外界没有热交换，则称为绝热节流。

火电厂中的蒸汽管道都有保温层，而且蒸汽流过节流孔时流速较大，米不及与外界进行热交换，因此，火电厂中的节流都可看作是绝热节流。

(二) 节流过程的一般分析

1. 绝热节流过程的基本特性

绝热节流过程是不可逆过程。如图 2 – 15 所示，工质在缩孔附近的流动很不稳定，工质处于不平衡状态，没有确定的状态参数。为此，我们选取节流前后的两个稳定流动截面 1—1、2—2 截面进行分析，这两个截面上工质处于平衡状态，其参数分别为 p_1、h_1、c_1 和 p_2、h_2、c_2。

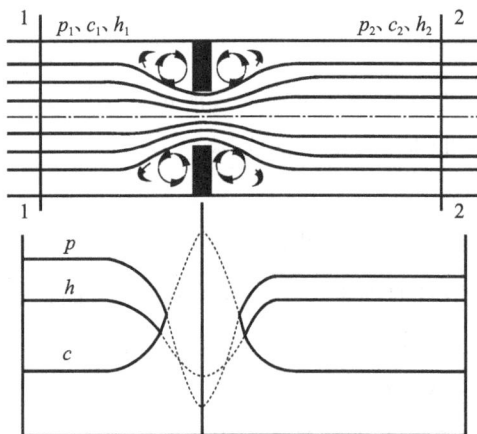

图 2 – 15 绝热节流过程分析

因为上述两截面均为稳定的绝热流动，应满足稳定绝热流动能量方程式：

$$h_1 + \frac{c_1^2}{2} = h_2 + \frac{c_2^2}{2}$$

实验表明：节流后气体的压力降低了，但节流前后气体的流速基本不变。则绝热节流过程的能量方程式就变为：

$$h_1 = h_2 \qquad\qquad (2 – 28)$$

式（2-28）说明，绝热节流前后蒸汽的焓值相等。这是绝热节流过程的基本特性。

但应注意，节流过程不是等焓过程。因为在节流孔板处，焓值是降低的，此焓降用来增加蒸汽的动能，并使它变成涡流和扰动，然后涡流和扰动的动能又转化为热能，重新被蒸汽吸收，使焓值又恢复到节流前的数值。

2. 水蒸气的绝热节流

对于水蒸气的绝热节流过程，若已知节流前的状态（p_1，t_1）及节流后的压力 p_2，根据绝热节流前后蒸汽的焓值相等的特点，可以很方便地在 $h-s$ 图上确定节流后状态参数的变化情况。由图 2-16 中绝热节流过程 1-1′可以明显看出，水蒸气绝热节流后，状态参数的变化规律为：$\Delta p < 0$，$\Delta v > 0$，$\Delta h = 0$，$\Delta s > 0$，一般情况下 $\Delta t < 0$。从图中还可以看出，过热蒸汽经节流后温度虽然降低了，但过热度却增加了（如过程 1-1′）；湿蒸汽绝热节流后，大多数情况下的干度均增加，可以变为干蒸汽（如过程 3-4），进一步节流后甚至会变为过热蒸汽（如过程 4-5）。

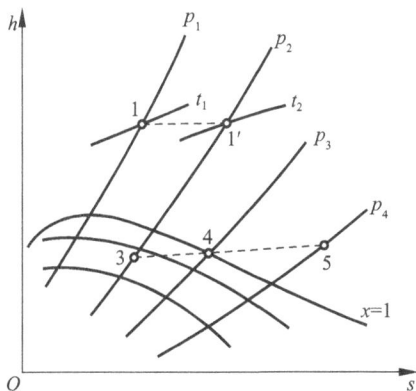

图 2-16　水蒸气绝热节流前后的参数变化

3. 绝热节流后蒸汽做功能力的变化

蒸汽经绝热节流后，虽然焓值没变，即 1 kg 蒸汽所具有的总能量的数量没变，但其做功能力降低了。

如图 2-17 所示，蒸汽不经绝热节流直接进入汽轮机绝热膨胀做功时，其过程按 1-2 线进行，所做技术功为 $w_t = h_1 - h_2$。若蒸汽先经绝热节流过程 1-1′，然后再进入汽轮机绝热膨胀做功 1′-2′，所做技术功为 $w_t' = h_1' - h_2'$。虽然 $h_1 = h_1'$，但 $h_2' > h_2$，使 $(h_1' - h_2') < (h_1 - h_2)$，即水蒸气绝热节流后绝热能力降低了。

这个例子再一次说明了熵增与能量贬值的原理。绝热节流过程是熵增加的过程，虽然焓不变，但只要熵增加，则不可用能增加，相应的可用能必然减少。

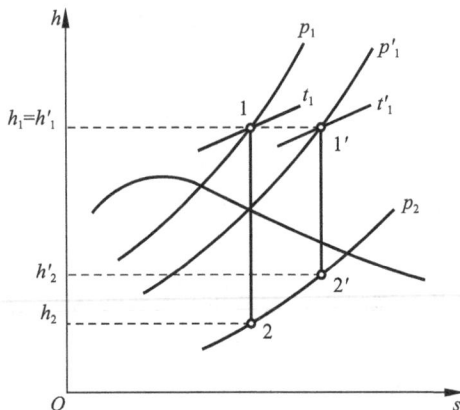

图 2-17 绝热节流导致做功能力的变化

（三）绝热节流的实际应用

热力工程上常常利用节流降压的特性为生产服务。

1. 利用节流降低工质的压力

高压气瓶的瓶口处常装有调节阀，改变调节阀门的开度，就可得到所需要的低压气体。

2. 利用节流测定蒸汽流量

蒸汽通过节流孔板时，在其前后产生压力差，当节流孔板的形式和截面尺寸一定时，蒸汽的体积流量与该压力差成正比。所以，只要测量孔板前后的压力差，就可间接测出流量。

3. 利用节流减少汽轮机汽封系统的蒸汽泄漏量

汽轮机高压端动、静结合处为避免摩擦留有缝隙，高压蒸汽容易由此向外泄漏，为此，常常采用梳齿形汽封减少蒸汽泄漏量。如图 2-18 所示，压力为 p_1 的蒸汽通过每个汽封时都经历一次节流，使蒸汽的压力逐渐下降至汽封后压力 p_2，由于漏气量的大小取决于每一汽封齿轮前后的压差，当汽封齿数增加时，在总压力差（$p_1 - p_2$）不变的条件下，每一汽封齿前后的压力差减小，因此增加汽封齿数就能减小蒸汽泄漏量。

4. 利用节流调节汽轮机的功率

一些机组采用节流来调节汽轮机的功率。当主蒸汽参数不变时，通过改变调速汽门的开度来控制进入汽轮机的蒸汽参数和蒸汽量，以调节汽轮机功率。当电网用户电负荷减小时，通过汽轮机调速器关小调节汽门，使进入汽

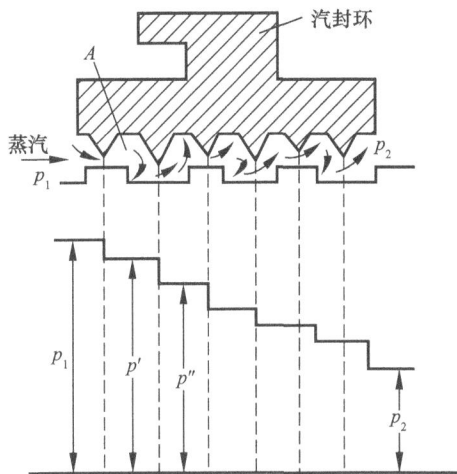

图 2 – 18 蒸汽通过汽封的节流过程

轮机的蒸汽压力降低，做功能力降低，同时蒸汽的流量减小，做功量也减小，从而达到降低电负荷的目的；反之，当电负荷增大时，可开大调节汽门，蒸汽压力增大，流量增大，达到增加电负荷的目的。

任务六 蒸汽动力循环分析

一、朗肯循环

（一）水蒸气的卡诺循环

根据热力学第二定律，在一定的温度范围内，以卡诺循环的热效率为最高，而且热效率的大小与工质的性质无关，只取决于热源和冷源的温度，即：

$$\eta_t = 1 - \frac{T_2}{T_1}$$

卡诺循环由两个可逆定温过程和两个可逆绝热过程组成。从理论上讲，以水蒸气作工质的卡诺循环是可能实现的。因为在饱和水的定压汽化和饱和蒸汽定压凝结过程中，水蒸气的温度都保持不变，因此水蒸气的定温加热和定温冷却过程可以在湿蒸汽区内进行。图 2 – 19 所示为饱和蒸汽卡诺循环的 $T - s$ 图，图中4 – 1 线为定温吸热

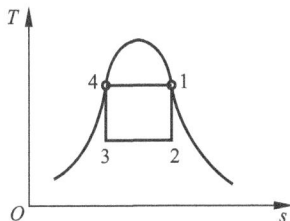

图 2 – 19 饱和蒸汽卡诺循环的 $T - s$ 图

过程，1－2 段为定熵膨胀过程，2－3 段为定温放热过程，3－4 段为定熵压缩过程。

从组成循环的四个过程来看，与理想的卡诺循环完全一致，但是实际上，由于以下原因，卡诺循环在蒸汽动力装置中并不被应用。

卡诺循环只可以应用于饱和蒸汽区域，这使得可利用的温差不大，导致循环热效率不高。因饱和蒸汽的最高温度是临界温度，使得卡诺循环的上限温度 T_1 受水蒸气临界温度的限制，最高不能高于 374 ℃，否则就不能实现定温吸热过程。所以，虽然锅炉的炉膛燃烧温度可高达 1 500 ℃，远大于 374 ℃，金属材料的耐热温度也在 600 ℃ 以上，但水蒸气按卡诺循环运行时，这些温度极限都不能利用。同时，因放热温度的下限为大气温度，这使得卡诺循环可利用的温差不多，循环的热效率受到限制。

水蒸气按卡诺循环工作时，在 2－3 定温放热过程中，蒸汽只能部分凝结，图 2－19 中的 3 点处于湿蒸汽区，而湿蒸汽的比体积很大，对其绝热压缩一方面需要尺寸庞大的压缩机，另一方面耗功也很大。

水蒸气按卡诺循环工作时，1－2 绝热膨胀过程的终态蒸汽湿度很大，对汽轮机末级的叶片侵蚀严重，危及汽轮机的安全运行。汽轮机一般要求做功后的乏汽干度不小于 0.85～0.88。

鉴于上面的原因，虽然以水蒸气作为工质可以构成卡诺循环，但在实际上它并不被采用。不过，研究以水蒸气作为工质的卡诺循环有助于更好地了解实际装置所采用的基本循环的作用、原理及其存在的问题，同时也有助于对基本循环提出各种改进的方向和办法。

（二）朗肯循环分析

针对上述卡诺循环中压缩湿蒸汽时压缩机存在的困难和缺点，我们将图 2－19 中 2－3 过程的终点继续进行到饱和水线上，将做完功的乏汽全部凝结成饱和水，这时压缩的对象是单向的水，体积小、压缩性小，只需采用结构较小的水泵对水进行绝热压缩即可，耗功也可大大减小。针对卡诺循环中工质加热温度不高和做功后乏汽湿度过大的问题，我们将吸热过程线 4－1 沿着定压线延伸到过热蒸汽区，采用过热蒸汽来代替饱和水蒸气，使蒸汽的初温提高，从而提高循环吸热过程的平均吸热温度，可达到提高温差、增加汽轮机乏汽干度的目的。

用此种方法构成的切实可行的蒸汽循环称为朗肯循环，其初、终参数不像在湿蒸汽区内的卡诺循环有那么严格的限制，所以朗肯循环被广泛地应用到各种蒸汽动力装置上，是工程中应用的最基本的热力循环。

1. 朗肯循环的工作原理图和 $T-s$ 图

图 2-20 为朗肯循环的工作原理图。水首先在锅炉和过热器中定压加热，由未饱和水加热变成过热蒸汽。过热蒸汽经管道送入汽轮机，在汽轮机内绝热膨胀做功，使汽轮机转动带动发电机发电。汽轮机中做完功的乏汽排入凝汽器中，对冷却水定压放热凝结成饱和水。凝结水再经给水泵绝热压缩升压后再次送入锅炉加热，从而完成循环。

由上可知，朗肯循环由四大设备组成：锅炉、汽轮机、凝汽器和给水泵。工质在热力设备中不断地进行定压加热、绝热膨胀、定压放热和绝热压缩四大过程，使热能不断地转化变为机械能。

图 2-21 为朗肯循环的 $T-s$ 图。图中 4-1 过程为锅炉及过热器的定压加热过程，分三个阶段进行：在压力 p_1 下，未饱和水先定压预热成饱和水（4-5段），温度升温，比体积、熵都增加；饱和水再定压定温汽化成干饱和蒸汽（5-6段），熵增加，比体积也增加；干蒸汽最后定压加热成过热蒸汽（6-1段），比体积、温度、熵都增加。过程中工质与外界无技术功的交换。

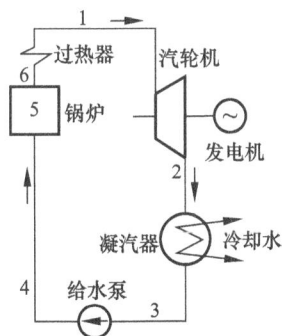

图 2-20　朗肯循环的工作原理图

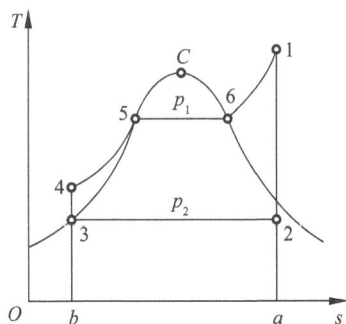

图 2-21　朗肯循环的 $T-s$ 图

1-2 过程为过热蒸汽在汽轮机中的绝热膨胀过程，压力由 p_1 降至 p_2。过程中工质对外做功，比体积增加，熵不变。

2-3 过程为乏汽在凝汽器中的定压放热凝结过程。过程中工质比体积减小，熵减小，温度不变。乏汽凝结成 p_2 压力下的饱和水。

3-4 过程为水在水泵内的绝热压缩过程，压力由 p_2 升至 p_1。由于水的压缩

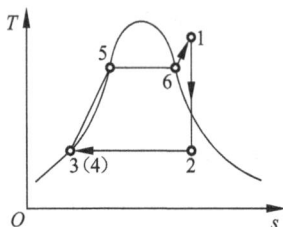

图 2 - 22　简化的朗肯循环

$T - s$ 图

性很小，比体积基本上不变。另外温度的升高也很小，可以忽略不计。在 $T - s$ 图上，3、4 两点几乎重合，这样，朗肯循环的 $T - s$ 图可以简化成图 2 - 22 所示的形状。

2. 朗肯循环的热经济性指标

循环的热效率和汽耗率是衡量蒸汽动力循环工作好坏的重要经济指标。

（1）热效率

循环中工质在锅炉内定压加热所吸收的热量为：

$$q_1 = h_1 - h_4$$

工质在凝汽器中的放热量为：

$$q_2 = h_2 - h_3$$

汽轮机中工质对外做功为：

$$w_{1-2} = h_1 - h_2$$

水泵中工质消耗的外功为：

$$w_{3-4} = h_4 - h_3$$

上述热量和功量都取绝对值。因此整个循环系统对外所做的有用功为汽轮机所做的功减去水泵所消耗的功，即：

$$w_0 = w_{1-2} - w_{3-4} = (h_1 - h_2) - (h_4 - h_3)$$

循环的热效率为：

$$\eta_t = \frac{q_1 - q_2}{q_1} = \frac{w_0}{q_1} = \frac{(h_1 - h_2) - (h_4 - h_3)}{h_1 - h_4} \quad (2 - 29)$$

通常给水泵所消耗的功 $(h_4 - h_3)$ 与汽轮机所做的功 $(h_1 - h_2)$ 相比很小，在近似计算中泵功常忽略不计（3、4 点重合），由此可得：

$$\eta_t = \frac{h_1 - h_2}{h_1 - h_3} \quad (2 - 30)$$

而 h_3 为 p_2 压力下饱和水的焓，可用 h_2' 表示，则：

$$\eta_t = \frac{h_1 - h_2}{h_1 - h_2'} \quad (2 - 31)$$

式中，h_1 为过热蒸汽的焓，kJ/kg；h_2 为汽轮机出口乏汽的焓，kJ/kg；h_2' 为乏汽压力下饱和水的焓，kJ/kg。各焓值可根据给定的状态参数在焓熵图及水蒸气表上查出。

（2）汽耗率

汽耗率指的是每生产 1 kW · h（3 600 kJ）需要消耗多少千克的蒸汽量，用符号 d 表示，即：

$$d = \frac{3\ 600}{w_0} \tag{2 - 32}$$

因为 1 kg 蒸汽在一个朗肯循环中所做的有用功（忽略泵机）为 $w_0 = h_1 - h_2$，所以朗肯循环的汽耗率为：

$$d = \frac{3\ 600}{w_0} = \frac{3\ 600}{h_1 - h_2} \tag{2 - 33}$$

【例 2 - 9】 某汽轮发电机组按朗肯循环工作。蒸汽初参数为 $p_1 = 4$ MPa，$t_1 = 440$ ℃，凝汽器中乏汽压力为 $p_2 = 0.005$ MPa。试求循环的热效率和汽耗率。

解： 根据 $p_1 = 4$ MPa，$t_1 = 440$ ℃，由焓熵图找到点 1，查得 $h_1 = 3\ 308$ kJ/kg。

由点 1 做垂线（定熵线）与 $p_2 = 0.005$ MPa 线相交得点 2，查得 $h_2 = 2\ 124$ kJ/kg。

再由饱和水蒸气表查得 $p_2 = 0.005$ MPa 时 $h_2' = 137.77$ kJ/kg。

循环热效率为：

$$\eta_t = \frac{h_1 - h_2}{h_1 - h_2'} = \frac{3\ 308 - 2\ 124}{3\ 308 - 137.77} = 0.37 = 37\%$$

汽耗率为：

$$d = \frac{3\ 600}{w_0} = \frac{3\ 600}{h_1 - h_2} = \frac{3\ 600}{3\ 308 - 2\ 124} = 3.04(\text{kg} \cdot \text{kW}^{-1} \cdot \text{h}^{-1})$$

二、蒸汽参数对循环热效率的影响

循环的热效率是衡量火电厂热经济性的重要指标，提高蒸汽动力循环的热效率对节约能源、提高火电厂的经济性有着非常重要的意义。由于朗肯循环是蒸汽动力装置的基本循环，我们可以通过对朗肯循环热效率的分析来寻找提高循环热效率的方法。

朗肯循环热效率公式 $\eta_t = \frac{h_1 - h_2}{h_1 - h_2'}$ 表明，热效率 η_t 由 h_1、h_2 和 h_2' 三个数据决定。新蒸汽的焓 h_1 由其压力 p_1 和温度 t_1 决定，饱和水的焓 h_2' 由乏汽压力 p_2

决定，参数 p_1、t_1 和 p_2 共同决定乏汽的焓 h_2。因此，热效率 η_t 完全由 p_1、t_1 和 p_2 来决定。下面分别研究这些参数对循环热效率的影响及提高热效率的方法。

（一）蒸汽初温 t_1 对热效率的影响

在保持蒸汽初压 p_1 和乏汽压力 p_2 不变的情况下，提高蒸汽的初温可以使循环的热效率提高。如图 2-23 所示，1-2-3-5-6-1 为初温为 T_1 的朗肯循环，而 1′-2′-3-5-6-1′ 为初温提高至 T_1' 时的朗肯循环。由于初温的提高，吸热过程的平均温度必将提高，即 $\overline{T}_1' > \overline{T}_1$，而放热过程的温度 $\overline{T}_2$ 不变，故提高初温后，循环热效率必大于原循环的热效率。

此外，从图 2-23 还可看出，初温提高后，循环中每千克工质的做功量增大，因而根据汽耗率的定义可知，提高初温可使循环的汽耗率降低。

初温的提高还可导致乏汽干度增大。如图 2-23 所示，初温提高后，乏汽干度由原来的 x_2 增至 x_2'，可减少汽轮机末级叶片的水冲击、汽蚀，有利于汽轮机的安全运行。

但是，初温的提高不可避免地受到过热器金属材料耐高温性能的限制，故目前初温还限制在 600 ℃ 左右。

（二）蒸汽初压对热效率的影响

在保持蒸汽初温和乏汽压力不变的情况下，提高蒸汽的初压 p_1 也可以使循环热效率提高。如图 2-24 所示，若维持 t_1、p_2 不变，则 $\overline{T}_2$ 不变。而提高初压 p_1 至 p_1' 时，平均吸热温度必将提高，即 $\overline{T}_1' > \overline{T}_1$，故提高初压必将使循环热效率得以提高。

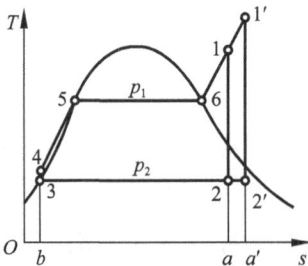

图 2-23 初温对朗肯循环热效率的影响   图 2-24 初压对朗肯循环热效率的影响

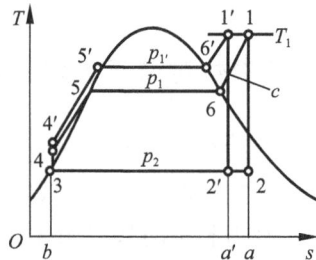

但是，随着初压 p_1 的提高，对设备强度的要求也随之提高。另外，从图 2-24 中可以看出，随着初压的提高，乏汽的干度 x_2 将迅速降低，当乏汽

干度低于安全值时，将危及汽轮机的安全运行，所以初压的提高受到乏汽干度的限制。工程上常采取初压、初温同时提高的办法，此举既可以提高循环热效率，又可使乏汽干度的增减互补，达到较为理想的效果。

随着科学技术的不断发展和装置功率的不断提高，提高 p_1、t_1 已成为蒸汽动力装置发展的一个重要标志。

（三）乏汽压力对热效率的影响

在保持蒸汽初温和初压都不变的情况下，降低乏汽压力 p_2 也可以使循环热效率提高。如图 2 - 25 所示，由于乏汽是湿蒸汽，其温度为乏汽压力所对应的饱和温度，也是循环的平均放热温度，随着 p_2 的降低，乏汽压力所对应的饱和温度，即放热过程

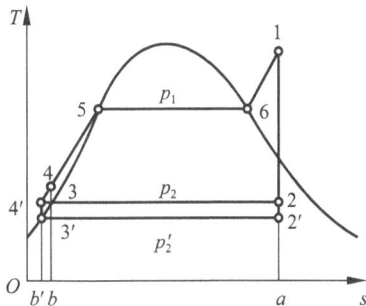

图 2 - 25　乏汽压力对朗肯
循环热效率的影响

的平均温度 $\overline{T}_2$ 将明显降低。虽然因为放热温度的降低使得锅炉给水温度也降低，从而导致循环的平均吸热温度 $\overline{T}_1$ 也有微小的降低。但是，由于平均放热温度的降低大大超过了平均吸热温度的微小降低，故循环的平均温差仍然加大，热效率将有明显提高。

但是，过低的乏汽压力会使乏汽的比体积大大增加，导致汽轮机尾部尺寸加大。同时，因为降低 p_2 就意味着降低 t_2，而 t_2 必须保证高于凝汽器中冷却水的温度，否则放热过程无法进行。因此，p_2 的降低要受到环境温度的限制。另外，从图 2 - 25 中还可以看出，降低 p_2 还会引起乏汽干度降低，这也是不利的。

目前火电厂常用的乏汽压力为 0.004 ~ 0.005 MPa，其对应的乏汽温度为 28.98 ℃ ~ 32.90 ℃。显然，蒸汽动力装置循环在运行中，其乏汽压力（即排汽温度）将随着环境的季节性气温变化而变化。

综上所述，蒸汽参数对循环热效率的影响可归纳如下：

① 提高蒸汽初参数 p_1、t_1，可以提高循环的热效率，因而现代蒸汽动力循环都朝着采用高参数、大容量的方向发展。

② 提高初参数 p_1、t_1 后，因循环的热效率增加而使电厂的运行费用下降。但由于高参数的采用，设备的投资费用和一部分运行费用又将增加，因而中小型机组不宜采用高参数。究竟多大容量的机组采用高参数较为合适，需经

全面的技术经济比较才能确定。目前我国采用的配套参数如表 2 - 2 所示。

表 2 - 2   国产机组蒸汽参数规范

特性 \ 参数等级	低参数	中参数	高参数	超高参数	亚临界参数
初压 p_1/MPa	1.3	3.5	9.0	13.5	16.5
初温 t_1/℃	340	435	535	550, 535	550, 535
功率 P/MW	0.5 ~ 3	6 ~ 25	50 ~ 100	125, 200	200, 300, 600

三、提高蒸汽动力循环热效率的其他途径

通过以上分析可知，提高蒸汽的初压和初温可以提高循环的热效率。但是，蒸汽初压的提高将引起乏汽干度的下降，虽然同时提高初温可以适当降低乏汽的湿度，但初温的提高又受到金属材料耐高温性能的限制。为了提高蒸汽动力循环的热效率和改善运行效果，在朗肯循环的基础上，人们开发了一些较复杂的循环，如再热循环、回热循环和热电合供循环等。

（一）再热循环

1. 再热循环的装置系统图和 $T-s$ 图

将汽轮机中膨胀到某中间压力的蒸汽又引回锅炉再热器中或其他换热设备，重新加热升温，然后送回汽轮机中继续膨胀做功，这就是再热循环。其装置原理图如图 2 - 26 所示，理论循环 $T-s$ 图如图 2 - 27 所示。显然只要选择适当的再热压力，就可增加高温段的吸热过程，使再热循环的平均吸热温度高于朗肯循环，从而提高循环的热效率。

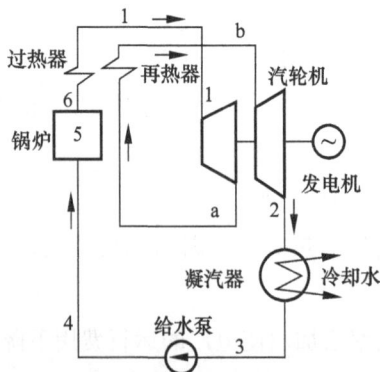

图 2 - 26   再热循环的工作原理图

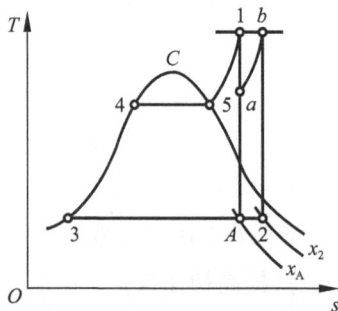

图 2 - 27   再热循环的 $T-s$ 图

从图 2-27 可以看出，如果不采取再热循环，则蒸汽在汽轮机内从初压 p_1 一直膨胀到 p_2，过程按 $1-A$ 线进行，其排汽干度为 x_A。当采用再热循环时，汽轮机高压缸排出的压力 p_A 下的蒸汽，被引入锅炉再热器中继续加热，使蒸汽温度再次升高到新蒸汽的温度 t_1，如图 2-27 中点 b 所示，然后再引入汽轮机低压缸，从状态点 b 继续绝热膨胀至相同的排汽压力 p_2，如图 2-27 中 $b-2$ 线，此时排汽干度为 x_2。显然，虽然排汽压力没有变，但排汽的干度增加了，即 $x_2 > x_a$。

因此，采用再热循环可以提高汽轮机的排汽干度，有利于其安全运行，有效地避免了蒸汽初压的提高所造成的乏汽干度下降的不良影响。

2. 再热循环热经济性指标的计算

由图 2-27 可以看出，再热循环中工质从锅炉中吸入的热量分为两部分，一部分是新蒸汽从锅炉中吸入的热量 $(h_1 - h_2')$，另一部分是再热蒸汽从再热器中吸入的热量 $(h_b - h_a)$。即：

$$q_1 = (h_1 - h_2') + (h_b - h_a)$$

再热循环所做的有用功为汽轮机高压缸做功和低压缸做功之和。即：

$$w_0 = (h_1 - h_a) + (h_b - h_2)$$

因此，再热循环的热效率为：

$$\eta_t = \frac{(h_1 - h_a) + (h_b - h_2)}{(h_1 - h_2') + (h_b - h_a)} \qquad (2-34)$$

式中，h_1 为新蒸汽的焓，kJ/kg；h_a 为再热器入口蒸汽的焓，kJ/kg；h_b 为再热器出口蒸汽的焓，kJ/kg；h_2 为汽轮机低压缸排汽的焓，kJ/kg；h_2' 为锅炉给水的焓，kJ/kg。

以上各状态点的焓值均可由水蒸气表和焓熵图查得。

再热循环的汽耗率为：

$$d = \frac{3\ 600}{w_0} = \frac{3\ 600}{(h_1 - h_a) + (h_b - h_2)} \quad \text{kg}/(\text{kW} \cdot \text{h}) \qquad (2-35)$$

3. 再热循环分析

采用中间再热后，可明显提高汽轮机的排汽干度，使低压缸中的蒸汽湿度保持在允许范围内，避免了由于提高新蒸汽的初压所带来的不利影响，增强了汽轮机工作的安全性。同时，排汽干度的提高也为进一步提高蒸汽的初参数，从而提高循环的热效率扫清了道路。

虽然人们最初只是将再热作为解决乏汽干度问题的一种方法，但发展到今天，它的意义已远不止此。正确选择再热压力，不但可以提高汽轮机排汽的干度，还可提高循环的热效率。我们可以用 $T-s$ 图来做定性分析。

从图 2-27 可以看出，再热循环可以看作是在原基本的朗肯循环 $1-A-3-4-5-1$ 上附加了一个循环 $a-b-2-A-a$。如果附加部分的热效率较基本循环的热效率高，则能够使再热循环的热效率提高，反之则降低。附加部分热效率的高低取决于再热压力 p_a，若所取再热压力 p_a 较高，将会提高附加循环的平均吸热温度，从而使循环的热效率提高，但再热压力 p_a 过高则会导致 x_2 改善较少。同时，蒸汽在高压缸中做功也较少，虽然附加循环本身热效率高，却对整个循环作用不大，故再热压力不宜过高。而再热压力 p_a 若过低，则会使再热循环的热效率下降。因此，必定存在一个最佳再热压力范围，既能满足排汽干度的要求，又可以有效地提高循环的热效率。根据已有的设计和运行经验，通常再热压力选择为初压的 20% ~ 30% 为好。通常一次再热可使循环热效率提高 2% ~ 4.5%，若再热次数增加，会使热效率更高一些。

并且，采用再热循环后，因为每千克蒸汽的做功量增加了，因而汽耗率也降低了，这使得通过设备的工质的质量流量减少，从而减轻了水泵和凝汽器的负担。

目前，再热循环已被高参数、大功率机组普遍采用，成为大型机组提高循环热效率的必要措施。

当初压低于 10 MPa 时，一般不采用再热，初压在临界压力以内的机组一般采用一次中间再热，超过临界参数的机组才考虑二次再热。这主要是由于再热次数增多时，增加了蒸汽管道和再热器，使系统复杂，投资费用增加，给运行和维护带来不便。

【例 2-10】 某汽轮机发电机组按再热循环工作，已知汽轮机进口参数为 $p_1 = 13$ MPa，$t_1 = 550$ ℃，蒸汽在汽轮机高压缸内膨胀至 $p_a = 2.6$ MPa 后引入锅炉再热器中再热至 $t_b = 550$ ℃，然后引入汽轮机低压缸中继续膨胀做功，膨胀至 $p_2 = 0.005$ MPa。试求：

（1）由于再热，使乏汽干度提高多少？

（2）由于再热，使循环的热效率提高多少？

解：（1）根据已知参数在焓熵图上查出下列参数，参看图 2-28。

$h_1 = 3\,468$ kJ/kg， $h_a = 3\,000$ kJ/kg，

$h_A = 2\,032$ kJ/kg， $h_b = 3\,568$ kJ/kg，

$h_2 = 2\,280$ kJ/kg， $x_A = 0.775$

$$x_2 = 0.88$$

根据 $p_2 = 0.005$ MPa 在饱和水蒸气表上查得 $h'_2 = 137.77$ kJ/kg。

可见，再热后，乏汽的干度由原来的 0.775 升至 0.88。

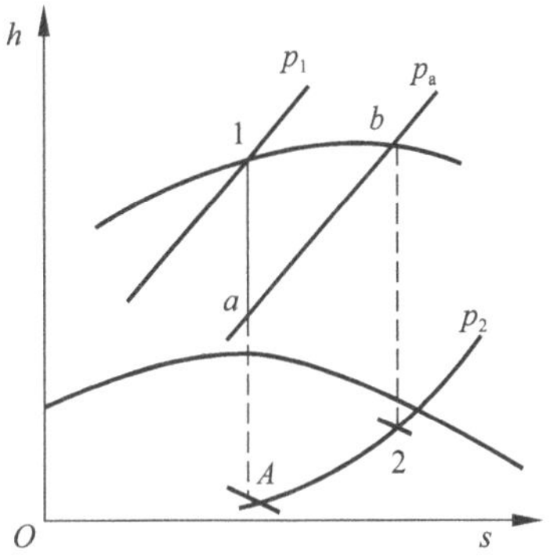

图 2 - 28 例 2 - 10 的图

（2）再热循环的热效率：

$$\eta_t = \frac{(h_1 - h_a) + (h_b - h_2)}{(h_1 - h'_2) + (h_b - h_a)}$$

$$= \frac{(3\,468 - 3\,000) + (3\,568 - 2\,280)}{(3\,468 - 137.77) + (3\,568 - 3\,000)}$$

$$= 0.45 = 45\%$$

如不采用再热循环，则同参数朗肯循环的热效率为：

$$\eta_t = \frac{h_1 - h_A}{h_1 - h'_2} = \frac{3\,468 - 2\,032}{3\,468 - 137.77} = 0.43 = 43\%$$

再热循环的热效率提高了 $45\% - 43\% = 2\%$。

（二）回热循环

回热循环是利用蒸汽的回热对水进行加热，消除朗肯循环中 4 - 5 段在较低温度下预热的不利影响，以提高热效率。如果利用蒸汽来加热给水，显然可以有效地提高平均吸热温度而使热效率提高。

工程上实际采用的蒸汽回热循环是分级抽汽吸热循环。即在不同压力下，从汽轮机中抽出部分已经在一定程度上做过功的蒸汽，分别在不同的回热器中加热给水，以提高给水温度，减少水在低温时从高温热源的吸热量。现代蒸汽动力循环中普遍采用了回热循环。

1. 回热循环的装置系统图和 $T - s$ 图

图 2 - 29 所示为一级抽汽蒸汽回热循环的原理图和理论循环的 $T - s$ 图。1 kg 压力为 p_1 的过热蒸汽进入汽轮机膨胀做功，当其压力降到 p_6 时，从汽轮机中抽出 α kg（$\alpha < 1$）蒸汽引入回热加热器，凝结放热；其余（$1 - \alpha$）kg 蒸汽在汽轮机中继续膨胀做功直至乏汽压力为 p_2，然后进入凝汽器被冷凝成水，经凝

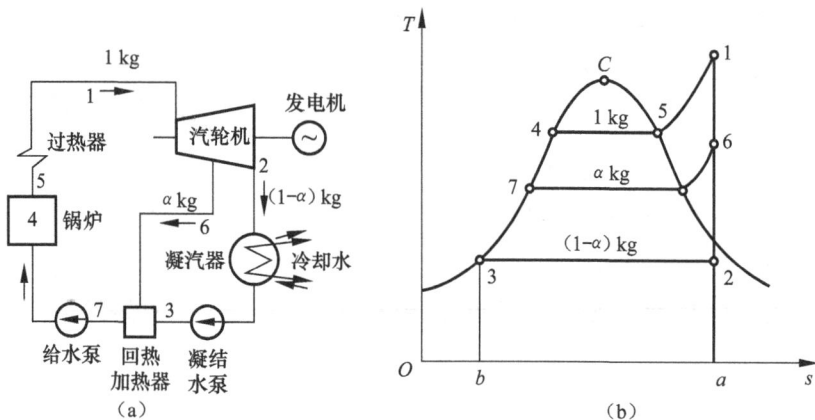

图 2-29 一级抽汽回热循环

(a) 工作原理图；(b) $T-s$ 图

结水泵升压进入回热加热器，接受 α kg 抽汽凝结时放出的潜热并与之混合成为抽汽压力下的 1 kg 饱和水。最后经给水泵加压后，送入锅炉，吸收热量又成为 1 kg 新的过热蒸汽，从而完成一个循环。

一级抽汽回热循环的理论循环 $T-s$ 图如图 2-29 (b) 所示，该图是在忽略水泵耗功的前提下而得到的简化图形。应当注意的是，图上有些过程线并不代表 1 kg 工质，详见图中过程线上的标示。

从图中可见，工质从高温烟气这一热源吸热的过程由原朗肯循环的 3-7-4-5-1 线变成了现在 7-4-5-1 线，吸热过程的下限温度提高了，吸热过程的平均温度也随之提高，从而必将提高循环的热效率。

回热循环中的回热器，是完成抽汽加热给水的换热设备。一般有两种类型：表面式和混合式。在表面式回热器中，蒸汽和水互不接触，通过传热壁面交换热量；在混合式回热器中，蒸汽与水直接接触、相互混合加热。

2. 一级抽汽回热循环热经济指标的计算

回热循环各热经济指标的计算方法与朗肯循环基本相同，但由于回热抽汽的存在，使工质在各个过程中流量不同，所以在计算热经济指标时，首先求出抽汽率。

（1）抽汽率

进入汽轮机的 1 kg 蒸汽中所抽出的蒸汽量叫抽汽率，用符号 α 表示。

抽汽率 α 可由回热器的热平衡方程式来确定。在回热器中，如果不考虑散热损失，α kg 抽汽所放出的热量正好等于 $(1-\alpha)$ kg 凝结水所吸收的热量。按图 2 - 30 所示，列出回热加热器的热平衡式如下：

图 2 - 30　回热加热器的热平衡图

$$\alpha(h_0 - h_0') = (1 - \alpha)(h_0' - h_2')$$

由此可得：

$$\alpha = \frac{h_0' - h_2'}{h_0 - h_2'} \qquad (2 - 36)$$

式中，h_0 为抽汽压力 p_0 下饱和水的焓，kJ/kg；h_0 为压力 p_0 下抽汽的焓，kJ/kg；h_2' 为压力 p_2 下饱和水的焓，kJ/kg。

若循环中有多次抽汽，则可用上述方法建立多个热平衡方程式，并按从高压到低压的回热加热器顺序，即可求得各级抽汽率。

（2）回热循环的热效率和汽耗率

回热循环中 1 kg 工质在锅炉内的吸热量为：$q_1 = h_1 - h_0'$。

1 kg 蒸汽在汽轮机内所做的功可以分为两部分：一部分是 1 kg 蒸汽从压力 p_1 绝热膨胀到 p_0 所做的功 $(h_1 - h_0)$；另一部分是 $(1 - \alpha)$ kg 蒸汽从压力 p_0 绝热膨胀到 p_2 所做的功 $(1 - \alpha)(h_0 - h_2)$。如不计泵功，则回热循环的有用功为：

$$w_0 = (h_1 - h_0) + (1 - \alpha)(h_0 - h_2)$$

具有一次抽汽的回热循环的热效率为：

$$\eta_t = \frac{w_0}{q_1} = \frac{(h_1 - h_0) + (1 - \alpha)(h_0 - h_2)}{h_1 - h_0'} \qquad (2 - 37)$$

具有一次抽汽的回热循环的汽耗率为：

$$d = \frac{3\,600}{w_0} = \frac{3\,600}{(h_1 - h_0) + (1 - \alpha)(h_0 - h_2)} \text{ kg/(kW} \cdot \text{h)} \qquad (2 - 38)$$

3. 回热循环的分析

与相同参数的朗肯循环比较，回热循环利多弊少，因而，火电厂的蒸汽动力装置广泛采用回热循环。下面对其热经济性进行分析：

① 与相同参数的朗肯循环相比，采用抽汽回热后，提高了给水的温度，使循环的平均吸热温度得以提高，从而提高了循环的热效率；

② 由于进入锅炉的给水温度提高，使锅炉的热负荷减少，可以相应减少

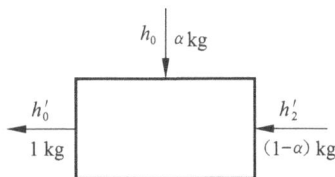

锅炉的受热面，尤其是省煤器的受热面将大为缩减，从而节约一部分金属材料；

③ 由于抽汽不进入凝汽器向冷源放热，这使得进入凝汽器的乏汽流量减少，可相应减少凝汽器及辅助设备的尺寸；

④ 采用回热循环后，由于抽汽，使每千克蒸汽在汽轮机中做的功减少了，要保持功率不变，就必须增加进汽量，因而使循环汽耗率增大。这样，汽轮机前几级（抽汽前）的蒸汽量加大，后几级（抽汽后）的蒸汽量减小，可以加大高压缸的通流面积，减小低压缸的通流面积，从而使低压缸及末级叶片尺寸减小，有利于汽轮机的结构改进；

⑤ 从理论上讲，给水在回热器中加热的温度越高，则平均吸热温度越高，热效率也就越高。但另一方面，要提高给水温度，汽轮机抽汽的压力就越高，这使得蒸汽在汽轮机中膨胀做功的量相应减小，这又是不利的。显然，存在着一最佳抽汽压力和最佳给水温度。常采用技术经济的综合比较，确定最佳的抽汽压力，从而确定适宜的给水温度。经综合分析，最有利的给水加热温度为锅炉压力下饱和温度的 0.65 ~ 0.75 倍。

为了既能提高给水温度，又能让蒸汽在汽轮机中尽可能地多做功，工程上还常采用分级抽汽的办法。在汽轮机的通流部分设置若干个抽汽口，从各抽汽口抽出不同压力的蒸汽，引入各级回热器中对锅炉给水进行分级加热，使给水的温度可在通过各级回热器时逐渐上升，则抽汽在汽轮机中可做更多的功。从理论上讲，回热抽汽的级数越多，循环的热效率越高。但实际上，随着抽汽级数的增加，热效率增加的速度减慢，而且设备的投资费用增大，系统更复杂，给安装、运行和维护都带来一定的困难。因此，必须经过全面的技术经济比较，确定合适的回热级数。目前在火力发电厂中，低压机组多采用 3 ~ 5 级回热，高压机组多采用 7 ~ 8 级回热。

（三）热电合供循环

从朗肯循环的分析中可知，有大量的热由乏汽在冷凝器中排出，被冷却水带走而散失于大气中。这是造成循环热效率低的主要原因。蒸汽动力装置即使采用了高参数蒸汽和回热、再热等措施，循环热效率仍不足 50%，即燃料所发出的热量中有 50% 以上没有得到利用而被乏汽带走并损失掉了。由于这部分热的温度水平很低（接近于环境温度），很难利用来进一步转化为机械能，但是适当提高乏汽温度就可以进行热利用。因此，热电合供循环就成为蒸汽动力循环中很有价值的一种循环。

热电合供循环实际上是在适当提高乏汽压力的条件下使乏汽湿度提高，通过换热器或直接向用户供热，这样就可大大减少排向冷源的损失。由于热电合供既要发电又要供热，对背压式汽轮机来说必须解决好电热负荷的匹配。同时又由于热用户要求不同，加上生产不均衡，用热负荷变化较多。故常常不采用背压式汽轮机而使用抽汽式汽轮机来供热。现在常用的是把抽汽与背压结合的抽汽背压式汽轮机，使基本热负荷用背压式解决，而用抽汽进行调节。

对热电合供循环来讲，除了仍可用循环热效率来衡量其经济性外，还必须采用能量利用系数来考核其经济性，并且把两者结合起来。

能量利用系数 K 定义为：

$$K = \frac{被利用的能量}{工质从热源得到的能量} = \frac{w_0 + q_2}{q_1} \qquad (2-39)$$

从理论上说，理想的情况下能量利用系数 K 可达到 1，但实际上由于各种损失以及热电负荷之间的不协调，一般 K 值为 $0.65 \sim 0.70$。

思　考　题

1. 蒸发和沸腾有什么不同？

2. 有没有 400 ℃ 的水？有没有 20 ℃ 的过热蒸汽？

3. 露点温度的测定对锅炉设备的运行有什么影响？

4. 为什么冬季的晴天虽然气温很低但晒衣服容易干，而夏季闷热潮湿天气则不易干？

5. 如何应用 $\mathrm{d}A/A = (Ma^2 - 1)\mathrm{d}c/c$ 来分析喷管截面的变化规律？

6. 绝热节流过程为什么不能称为定焓过程？水蒸气节流后状态参数如何变化？

7. $p_1 = 1.4$ MPa，$t_1 = 300$ ℃ 的水蒸气经喷管流入压力为 0.8 MPa 的空间，已知流量 $q_m = 1.8$ kg/s，求出口流速及截面积。

8. 初态 $p_1 = 1.5$ MPa，$t_1 = 400$ ℃ 的水蒸气经喷管流入压力为 1 MPa 的空间，喷管出口面积为 2 cm^2，求 c_2 及 q_m。

9. 初态 $p_1 = 3$ MPa，$t_1 = 300$ ℃ 的水蒸气经喷管绝热膨胀到 $p_2 = 0.5$ MPa，

流量 $q_m = 14$ kg/s，请计算有关流速及截面积。

10. 为什么以水蒸气为工质的卡诺循环在实际蒸汽动力装置中未被采用？

11. 朗肯循环是如何针对以水蒸气为工质的卡诺循环无法实现的困难而改进得到的？

12. 分析蒸汽参数对朗肯循环热效率的影响。

13. 能否不让乏汽凝结放出热量，而用压缩机直接将乏汽压入锅炉，从而减少冷源损失，提高热效率？

习　　题

1. 确定下列每一种参数下水和蒸汽所处的状态：

（1） $p = 101.3$ kPa 和 $T = 280$ K； （2） $p = 350$ kPa 和 $v = 0.37$ m³/kg；

（3） $T = 300$ K 和 $v = 35$ m³/kg； （4） $p = 500$ kPa 和 $v = 0.45$ m³/kg。

2. 给水在 210 ℃下送入锅炉，在定压 10 MPa 下加热成 550 ℃的过热蒸汽。试求：（1）液体热和过热热；（2）1 kg 水吸收的总热量。

3. 蒸汽在 $p_1 = 3$ MPa，$x_1 = 0.95$ 的状态下进入过热器定压加热成过热蒸汽，然后进入汽轮机绝热膨胀到 $p_2 = 0.01$ MPa，$x_2 = 0.88$。求 1 kg 蒸汽在过热器内吸收的热量，并作出 $h-s$ 图。

4. 利用水蒸气表，判定下列各点的状态，并确定其 h 及 v 值。
（1） $p_1 = 2$ MPa，$t_1 = 300$ ℃； （2） $p_2 = 9$ MPa，$v_2 = 0.017$ m³/kg； （3） $p_3 = 0.5$ MPa，$x_3 = 0.9$；（4） $p_4 = 1.0$ MPa，$t_4 = 175$ ℃； （5） $p_5 = 1.0$ MPa，$v_5 = 0.2404$ m³/kg。

5. 锅炉进口的给水温度为 170 ℃，压力为 3.5 MPa，出口蒸汽温度为 535 ℃，锅炉的产汽量为 130 t/h，试确定每小时在锅炉内水变成水蒸气所吸收的热量。

6. 汽轮机进口的蒸汽压力为 $p_1 = 7$ MPa，温度为 $t_1 = 500$ ℃，出口的蒸汽压力为 $p_2 = 0.02$ MPa。蒸汽流量为 $q_m = 2.52$ kg/s，设蒸汽在汽轮机内进行定熵膨胀过程，试求汽轮机产生的功率。

7. 朗肯循环蒸汽参数为 $t_1 = 500$ ℃，$p_2 = 0.04$ MPa，试计算当 p_1 分别为 4 MPa、9 MPa、14 MPa 时，循环热效率及排汽干度。

8. 朗肯循环蒸汽参数为 $p_1 = 10$ MPa，$p_2 = 0.04$ MPa，试计算当 t_1 分别为

400 ℃、500 ℃、600 ℃时，循环热效率、汽耗率及排汽干度。

9. 朗肯循环蒸汽参数为 $p_1 = 3$ MPa，$t_1 = 400$ ℃，试计算当 p_2 分别为 0.004 MPa 和 0.1 MPa 时，循环热效率、汽耗率及排汽干度。

10. 某发电厂按再热循环工作，蒸汽参数为 $p_1 = 10$ MPa，$t_1 = 500$ ℃，再热压力为 1 MPa，汽轮机排汽压力 $p_2 = 0.003\ 4$ MPa。求：（1）由于再热使乏汽干度提高多少？（2）由于再热循环效率提高多少？（3）循环的汽耗率为多少？

11. 某发电厂按朗肯循环工作，蒸汽初参数为：$p_1 = 3.5$ MPa，$t_1 = 350$ ℃，汽轮机排汽压力为 $p_2 = 0.01$ MPa，试求：（1）循环中加入的热量 q_1；（2）排汽干度；（3）循环热效率和汽耗率。

模块三

传热学分析及应用

热力学第二定律指出，只要存在温度差就会发生热量传递，热量总是自发地由高温处传向低温处。这种靠温度差推动的能量传递过程称为热传递。由于温度差在自然界和生产领域中广泛存在，故热量传递就成为自然界和生产领域中一种普遍现象。传热学就是研究热量传递规律的学科。

热量传递有三种基本方式：导热、对流和热辐射。工程中诸多传热过程往往是三种基本传热方式的综合结果。热力设备运行中可以分为两种类型：一是增强传热，即提高换热设备的传热能力，或在满足传热量的前提下尽量缩小设备尺寸；二是削弱传热，即减少热损失或保持系统内要求的工作温度。学习传热学的目的主要在于分析和认识传热规律，从而掌握增强或削弱传热过程的方法，实现能源的合理使用，提高设备的生产能力。

热量传递过程可划分为稳态和非稳态过程，物体中各点温度不随时间变化的热量传递过程，称为稳态传热过程，反之，则称为非稳态传热过程。如各种热力设备在持续不变的工况下运行时，其热量传递过程为稳态传热过程；而在启动、停机和变工况时所经历的热量传递过程则为非稳态传热过程。本模块只研究稳态传热过程。

任务一　导热基本概念认知及过程计算

一、基本概念

（一）导热

导热是热量传递的基本方式之一。导热又称热传导，是指物体各部分无相对位移或不同物体直接接触时依靠分子、原子及自由电子等微观粒子的热运动而进行的热量传递现象。例如，物体内部热量从温度较高的部分传递到温度较低的部分，以及温度较高的物体把热量传递给与之接触的温度较低的另一物体的现象称为导热。

导热是物质的属性，导热在固体、液体和气体中均可进行，但微观机理有所不同。在气体中，导热是气体分子不规则热运动时碰撞的结果，气体的温度越高，其分子的运动动能越大，能量较高的分子与能量较低的分子相互碰撞的结果，热量就由高温处传向低温处；对于固体，导电体的导热主要靠自由电子的运动来完成，而非导电体则通过原子、分子在其平衡位置附近的振动来传导热量；至于液体中的导热机理，还存在着不同观点，可以认为介于气体和固体之间。

单纯的导热一般只发生在密实的固体中，因为气体与液体具有流动特性，在产生导热的同时往往伴随宏观相对位移（即对流）而使热量转移。导热发生在固体中的现象最为普遍，也最具有应用价值。如：手持铁棒一端，将另一端置于火炉中，一会儿手就感到发烫。这是铁棒导热，将火焰的热量传递到了另一端，使其温度迅速升高的缘故。又如：制冷装置中的冷凝器，当温度较高的制冷工质蒸气在铜管内流过时，将热量传递给铜管并逐渐凝结为液体，而铜管将所得的热量又传递给管外温度较低的空气或冷却水。热量自铜管内壁传递到外壁的过程纯属导热过程。导热的应用相当普遍。在工程应用中，一般把发生在换热器管壁、管道保温层、墙壁等固态材料中的热量传递均可看作导热过程处理。

（二）温度场

物体内部产生导热的起因在于物体内部之间存在温度差，导热过程中热量的传递与物体内部温度分布状况密切相关，因此在研究导热规律之前需先研究温度分布。

某一时刻，物体中各点温度分布的状况称为温度场。一般来说，温度场是空间坐标和时间的函数，其数学表达式为：

$$t = f(x, y, z, \tau) \tag{3-1}$$

式中，x、y、z 为空间坐标；τ 为时间坐标。

温度场分为稳态温度场和非稳态温度场两类：空间各点温度随时间 τ 而变化的温度场称为非稳态温度场。如各种热力设备在启动、停机或变工况时的温度场；空间各点温度不随时间 τ 而变化的温度场，则称为稳态温度场，如热力设备在持续稳定运行时的温度场。稳态温度场的数学表达式为：

$$t = f(x,y,z) \tag{3-2}$$

当物体内温度只沿一个坐标方向发生变化时，即为一稳态温度场，可由下式表示：

$$t = f(x) \tag{3-3}$$

一维稳态温度场是最简单的温度分布，也是工程技术中应用最多的情况。

（三）等温线、等温面和温度梯度

在温度场中，同一时刻温度相同的点所构成的线或面称为等温线或等温面。等温线和等温面具有如下特点：

① 因空间中任何一点不可能同时具有两个不同的温度值，所以任意两个等温线或等温面互不相交；

② 等温线或等温面可以在物体内部是完全封闭的曲线或曲面，也可终止于物体的边缘，但不可以在物体内部中断；

③ 等温线或等温面上温度差为零，没有热量的传递。热量传递只是沿着最短的途径进行，即沿着等温面或等温线的法线方向进行。

等温面法线方向上的温度增量 Δt 与法向距离 Δn 的比值的极限，称为温度梯度，记为 $\mathbf{grad}t$（℃/m）：

$$\mathbf{grad}t = \lim_{\Delta n \to 0} \frac{\Delta t}{\Delta n} = \frac{\partial t}{\partial n} \tag{3-4}$$

对于一维稳态温度场，温度梯度为：

$$\mathbf{grad}t = \frac{\mathrm{d}t}{\mathrm{d}x} \tag{3-5}$$

温度梯度是向量，其方向是指向温度增加的方向，而热量传递方向与温度梯度方向恰好相反，如图 3-1 所示。

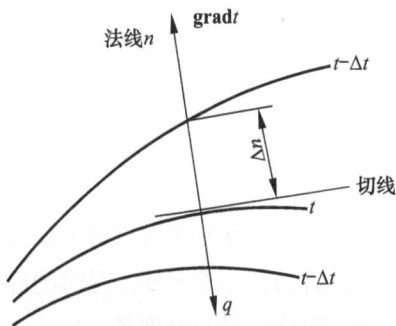

图 3-1　温度梯度

二、导热的基本定律

（一）傅里叶定律

导热的基本定律是傅里叶定律，是法国数学家傅里叶（J·Fourier）在 1822 年研究固体导热实验的基础上总结得出的。该定律说明，单位时间内通过单位面积的热量（即热流密度 q）正比于该处的温度梯度，其数学表达式为：

$$q = -\lambda \frac{\partial t}{\partial n} \qquad (3-6)$$

对于一维稳定导热傅里叶表达式为：

$$q = -\lambda \frac{\mathrm{d}t}{\mathrm{d}x} \qquad (3-7)$$

式中，λ 为比例系数，称为热导率，单位为 $W/(m \cdot K)$；负号表示热流方向与温度梯度的方向相反，永远指向温度降低的方向。

若表面积为 A，则热流量为：

$$\Phi = -\lambda A \frac{\partial t}{\partial n} \qquad (3-8)$$

(二) 热导率

由傅里叶定律的表达式可得：

$$\lambda = -\frac{q}{\mathrm{d}t/\mathrm{d}x} \qquad (3-9)$$

热导率在数值上等于单位温度梯度作用下的热流密度，是工程设计中合理选用材料的重要依据。

热导率是物质粒子微观运动特性的表现，它表示了物质导热能力的大小，是物质的物理性质之一。影响热导率的因素主要有物质种类、温度、结构、密度、湿度等。工程上常见物质的热导率可从有关手册中查得。

不同物质的热导率相差很大，一般通过实验来测定。图 3-2 给出了常见材料热导率的大致范围及随温度的变化关系。

物质的热导率具有如下特点：

① 导电性能好的材料，导热性能也较好。因此金属的热导率较高，其中以银、铜、铝最为突出。铜的热导率高达 382 $W/(m \cdot K)$。制冷设备中常用铜管铝翅片制作冷凝器和蒸发器就是利用其导热性能好这一特点。

② 液体热导率的范围为 0.07~0.7 $W/(m \cdot K)$；气体热导率的范围为 0.006~0.6 $W/(m \cdot K)$。

③ 非金属固体材料热导率的范围很大，高限可达 6.0 $W/(m \cdot K)$，低限接近气体。比如膨胀珍珠岩在 0 ℃时的热导率仅为 0.042 5 $W/(m \cdot K)$。习惯上把热导率小的材料称为保温材料（又称隔热材料或绝热材料）。我国国家标准规定，凡平均温度不高于 350 ℃时热导率不大于 0.12 $W/(m \cdot K)$ 的材料称为

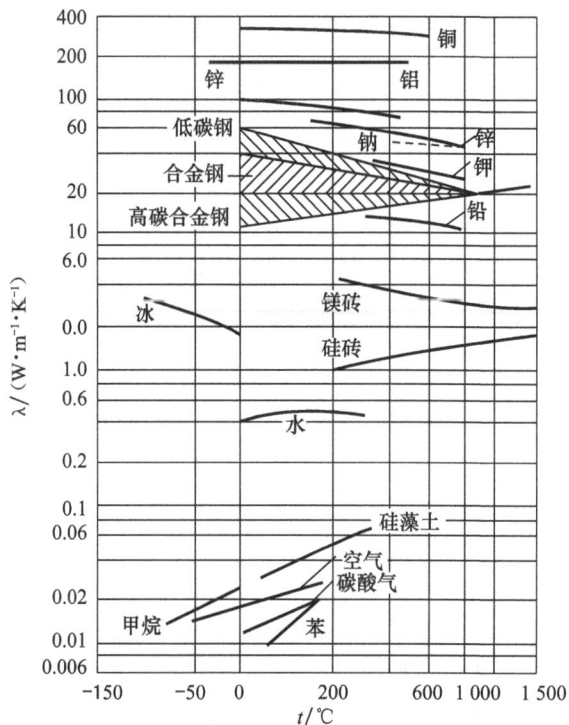

图3-2　温度对材料热导率的影响

保温材料。在制冷工程中，一般常用的保温材料可分为10大类：珍珠岩类、蛭石类、硅藻土类、泡沫混凝土类、软木类、石棉类、玻璃纤维类、泡沫塑料类、矿渣棉类、岩棉类，其相关性能可参阅有关手册。

④ 湿度对保温材料的热导率影响很大，由于孔隙多，很容易吸收水分。水的热导率比空气大20~30倍，更重要的是在导热过程中，随着热量传递，水分会迁移，因此湿材料的热导率比纯水的热导率还要大。如干砖的热导率为 0.35 W/(m·K)，水的热导率为 0.51 W/(m·K)，而湿砖的热导率却达 1.0 W/(m·K)。所以对建筑物的围护结构，特别是冷、热设备的保温层应采取适当的防潮措施。

⑤ 材料的热导率均随温度的变化而变化，有的与温度的变化方向相同，有的则相反。其中，气体热导率随温度变化的幅度最大。同时，气体的热导率还随着压力的升高而增大。

热导率高的物质有利于热传递，热导率低的物质能有效地阻止和削弱热传递。热导率对解决传热的强化或削弱问题具有很重要的意义。

三、平壁的稳定导热

在这里我们主要研究大平壁的稳定导热，大平壁的几何特征是长度和宽度的尺寸远大于其厚度。大平壁的边缘影响可以忽略，导热仅沿厚度方向进行，可按一维稳定导热处理。在工程计算中，当平壁的高和宽均大于 8 ~ 10 倍厚度时，就可作为大平壁处理。

火电厂中锅炉炉墙、汽轮机气缸壁等在稳定运行时的导热均可看作是平壁的一维稳定导热。以下我们就将讨论平壁一维稳定导热的计算，确定平壁内的温度分布和热流量。

（一）单层平壁的稳定导热

如图 3 - 3（a）所示，有一单层平壁，其厚度为 δ，热导率为 λ，两个侧表面分别维持均匀稳定的温度 t_{w1} 和 t_{w2}，$t_{w1} > t_{w2}$。由傅里叶定律得热流密度为：

$$q = -\lambda \frac{dt}{dx} \qquad (3-10)$$

当 $x = 0$ 时，$t = t_{w1}$；$x = \delta$ 时，$t = t_{w2}$。由此边界条件积分上式可得：

$$q = \frac{\lambda}{\delta}(t_{w1} - t_{w2}) \qquad (3-11)$$

或

$$q = \frac{t_{w1} - t_{w2}}{\dfrac{\delta}{\lambda}} = \frac{\Delta t}{r}$$

式中，Δt 为平壁两侧壁面的温度差，为导热推动力，$^\circ\!C$；r 为通过平壁单位传热面积的导热热阻，$r = \dfrac{\delta}{\lambda}$，$m^2 \cdot K \cdot W^{-1}$。

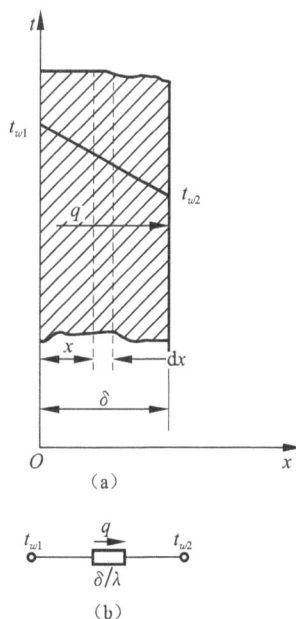

图 3 - 3 单层平壁的导热

（a）坐标图；（b）热路示意图

若传热面积为 A，则单位时间内传递的热流量为：

$$\Phi = A\frac{\lambda}{\delta}(t_{w1} - t_{w2}) = \frac{t_{w1} - t_{w2}}{\dfrac{\delta}{\lambda A}} = \frac{\Delta t}{R} \qquad (3-12)$$

式中，R 为单层平壁的总导热热阻，$R = \dfrac{\delta}{\lambda A}$，$K/W$。

热阻表示物体阻碍传热的能力。在相同温差下，热阻越大，导热量越小。通常热导率小的物体其热阻较大。热流通过平壁时的热路示意图如图 3 - 3（b）所示。

（二）多层平壁的稳定导热

由多层不同材料组成的平壁在工程上经常遇到。如：锅炉的炉墙是由耐火砖层、保温砖层和表面涂层三种材料叠合而成的多层平壁。

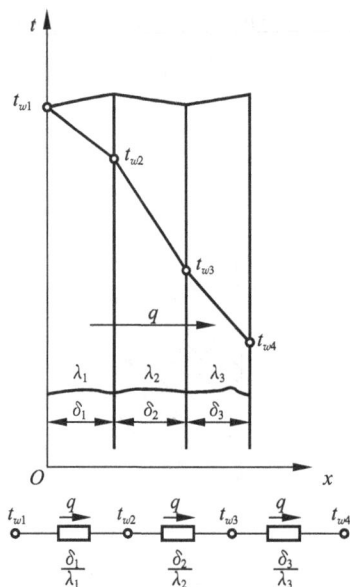

图 3 - 4　多层平壁的稳定导热

如图 3 - 4 所示为三层平壁的稳定导热。各层壁面厚度分别为 δ_1、δ_2、δ_3，热导率分别为 λ_1、λ_2、λ_3，假设各层壁面面积均为 A，层与层之间互相接触的两表面温度相同，各层表面温度分别为 t_{w1}、t_{w2}、t_{w3} 和 t_{w4}，且 $t_{w1} > t_{w2} > t_{w3} > t_{w4}$，则稳态导热中通过各层的热流密度相等，即：

$$q = \frac{t_{w1} - t_{w2}}{\dfrac{\delta_1}{\lambda_1}} = \frac{t_{w2} - t_{w3}}{\dfrac{\delta_2}{\lambda_2}} = \frac{t_{w3} - t_{w4}}{\dfrac{\delta_3}{\lambda_3}}$$

$$(3 - 13)$$

由式（3 - 13）得出：

$$t_{w1} - t_{w2} = q \frac{\delta_1}{\lambda_1};$$

$$t_{w2} - t_{w3} = q \frac{\delta_2}{\lambda_2}; \quad t_{w3} - t_{w4} = q \frac{\delta_3}{\lambda_3}$$

将上述三项相加并整理得：

$$q = \frac{t_{w1} - t_{w4}}{\dfrac{\delta_1}{\lambda_1} + \dfrac{\delta_2}{\lambda_2} + \dfrac{\delta_3}{\lambda_3}}$$

$$(3 - 14)$$

三层平壁上的热流量为：

$$\Phi = Aq = \frac{t_{w1} - t_{w4}}{\dfrac{\delta_1}{A\lambda_1} + \dfrac{\delta_2}{A\lambda_2} + \dfrac{\delta_3}{A\lambda_3}}$$

$$(3 - 15)$$

相应地，可以推出 n 层的热流密度和热流量为：

$$q = \frac{t_{w1} - t_{w(n+1)}}{\sum\limits_{i=1}^{n} \dfrac{\delta_i}{\lambda_i}} = \frac{t_{w1} - t_{w(n+1)}}{\sum r} \qquad (3-16)$$

$$\Phi = \frac{t_{w1} - t_{w(n+1)}}{\sum\limits_{i=1}^{n} \dfrac{\delta_i}{A\lambda_i}} = \frac{t_{w1} - t_{w(n+1)}}{\sum R} \qquad (3-17)$$

式（3-16）和式（3-17）表明，通过多层平壁的稳态导热，总热阻等于各串联平壁分热阻之和。

必须指出的是：在上述多层平壁的计算中，假设了层与层之间接触良好，两个相接触的表面具有相同的温度。而实际多层平壁的导热过程中，固体表面并非是理想平整的，总是存在着一定的粗糙度，因而使固体表面接触不可避免地出现附加热阻，工程上称为"接触热阻"，接触热阻的大小与固体表面的粗糙度、接触面的挤压力和材料间硬度匹配等有关，也与界面间隙内的流体性质有关。工程上常采用增加挤压力、在接触面之间插入容易变形的高热导率的填隙材料等措施来减小接触热阻。接触热阻的大小主要依靠实验确定。

【例3-1】　某房间的砖墙高 5 m，宽 3 m，厚 0.25 m。墙的内表面温度为 15 ℃，外表面温度为 -5 ℃，砖的热导率 $\lambda = 0.7$ W/(m·K)。求通过砖墙每小时的散热量？

解： 由题意已知，墙砖的面积 $A = 5$ m × 3 m = 15 m^2，$t_1 = 15$ ℃，$t_2 = -5$ ℃。

根据公式（3-12）得：

$$\Phi = \frac{\Delta t}{\delta/(A\lambda)} = \frac{t_1 - t_2}{\delta/(A\lambda)} = \frac{15 + 5}{0.25/(15 \times 0.7)} = 840(\text{W})$$

每小时的散热量为 $Q = 840 \times 3\,600 = 3\,024$ （kJ）。

四、圆筒壁的稳定导热

在热力设备中，许多导热体是圆筒形的，如热力管道、蒸汽管道、换热器中的换热管等。当圆筒壁的长度大于外径的 10 倍时，热流量的计算可不考虑沿轴向的温度变化，可按无限长的圆筒壁处理，仅考虑沿径向发生的温度变化，即可按一维稳定导热处理。

圆筒壁与平壁导热的区别在于圆筒壁的传热面积随半径的增大而增大，沿半径方向传递的热流密度随半径的增大而减小，因此圆筒壁的导热问题应

计算热流量 Φ 或单位管长的热流量 q_L。

(一) 单层圆筒壁的稳定导热

如图 3-5 所示为一单层圆筒壁,其内半径为 r_1(内径为 d_1),外半径为 r_2(外径为 d_2),长度为 L,材料的热导率为 λ 且是常数,内、外壁温度分别保持 t_{w1} 和 t_{w2} 不变 ($t_{w1} > t_{w2}$),壁内温度只沿半径变化,属于一维稳定导热。热量从内壁沿半径方向向外壁传递,等温面为同心圆柱面。设想在圆筒半径 r 处,以两个等温面为界划分出一层厚度为 dr 的薄壁圆筒,其传热面积可视为常数,等于 $2\pi rL$;通过该薄层的温度变化为 dt。根据傅里叶定律,通过该薄圆筒壁的热流量可以表示为:

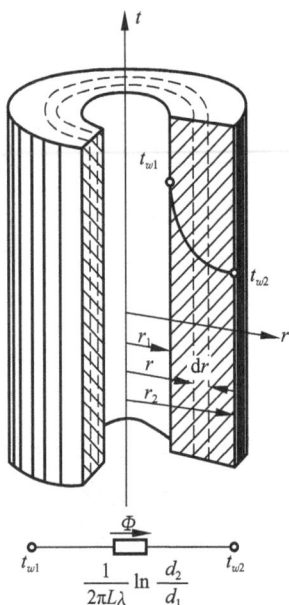

$$\Phi = Aq = -A\lambda \frac{dt}{dr} = -2\pi rL\lambda \frac{dt}{dr}$$

分离变量并积分得:

$$\frac{\Phi}{2\pi\lambda L}\int_{d_1/2}^{d/2} \frac{dr}{r} = -\int_{t_{w1}}^{t} dt$$

图 3-5   单层圆筒壁的导热

$$t = t_{w1} - \frac{\Phi}{2\pi\lambda L}\ln \frac{d}{d_1} \qquad (3-18)$$

式(3-18)表明,圆筒壁内温度分布为对数曲线。当 $d = d_2$ 时,$t = t_{w2}$,得:

$$\Phi = \frac{t_{w1} - t_{w2}}{\dfrac{1}{2\pi\lambda L}\ln \dfrac{d_2}{d_1}} \qquad (3-19)$$

由于圆筒壁的等温面是一系列同轴的圆柱面,这些圆柱面的表面积随半径的增大而增大,因而导热面积不同,导致通过各等温面的热流密度各不相同,即 q 随 r 的增大而减小。但是单位长度圆筒壁上所传导的热流量却为定值,不因半径的变化而变化,所以在圆筒壁导热计算中,我们常将单位长度的热流量称为线热流量,用符号 Φ_L 表示,单位为 W/m:

$$\Phi_L = \frac{t_{w1} - t_{w2}}{\dfrac{1}{2\pi\lambda}\ln \dfrac{d_2}{d_1}} \qquad (3-20)$$

由式（3－20）可见，单层圆筒壁与平壁的导热计算公式具有相同的形式，即单位时间内通过圆筒壁传导的热量 Φ 与温差成正比，与热阻成反比。所不同的是，单位面积平壁的导热热阻为 $\dfrac{\delta}{\lambda}$，而单位长度圆筒壁的导热热阻为 $\dfrac{1}{2\pi\lambda}\ln\dfrac{d_2}{d_1}$。

若圆筒壁外表面温度高于内表面温度，热流方向由外指向内，这时的 t_1 是指外表面温度，使用式（3－19）、式（3－20）计算仍然正确。

圆筒壁的导热公式包含对数项，计算时很不方便。在实际计算时，当 $\dfrac{d_2}{d_1}<2$ 时，可采用简化计算方法，把圆筒壁视作平壁，将圆筒壁的导热计算用平壁导热计算代替，此时计算误差小于 4%，足以满足工程技术精度要求。

简化计算公式为：

$$\Phi = qA = \frac{t_{w1} - t_{w2}}{\dfrac{\delta}{\lambda}}A_m = \frac{t_{w1} - t_{w2}}{\dfrac{\delta}{\lambda}}\pi d_m L \quad \text{W} \qquad (3-21)$$

$$\Phi_L = \frac{\Phi}{L} = \frac{t_{w1} - t_{w2}}{\dfrac{\delta}{\lambda}}\pi d_m \quad \text{W/m} \qquad (3-22)$$

$$\delta = \frac{1}{2}(d_2 - d_1), \quad d_m = \frac{1}{2}(d_2 + d_1), \quad A_m = \pi d_m L$$

式中，δ 为圆筒壁的厚度；d_m 为圆筒壁的平均直径；A_m 为采用平均直径计算出的平均导热面积。

（二）多层圆筒壁的稳定导热

由几种不同材料组成的多层圆筒壁在工程上有着广泛的应用，如包有保温材料的热管道等。如图 3－6 所示为一个由三种不同材料组成的圆筒壁。已知从内到外各层管壁的内外半径分别为 r_1、r_2、r_3、r_4（直径分别为 d_1、d_2、d_3、d_4），各层材料的热导率分别为 λ_1、λ_2、λ_3，假定各层两侧温度恒定，且各层间无接触热阻，即两层间分界面处于同一温度。圆筒壁内外表面温度分别为 t_{w1} 和 t_{w4}，且 $t_{w1}>t_{w4}$，各层间接触面的温度分别为 t_{w2} 和 t_{w3}。稳定导热时每一层管壁的单位管长热流量 q_L 都相等。

多层圆筒壁与多层平壁相类似，三层管壁的单位管长的总导热热阻等于各层管壁单位管长的导热热阻之和，则通过三层圆筒壁的线热流量为：

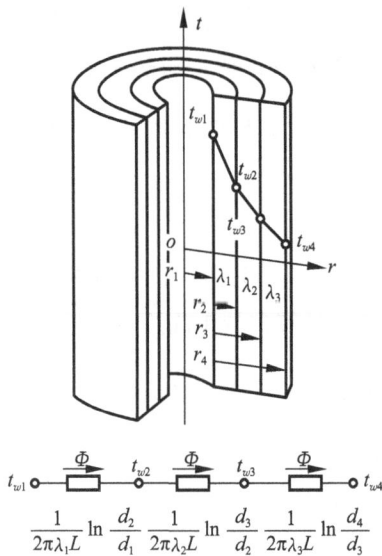

图 3-6 多层圆筒壁的导热

$$q_L = \frac{t_{w1} - t_{w4}}{\dfrac{1}{2\pi\lambda_1}\ln\dfrac{d_2}{d_1} + \dfrac{1}{2\pi\lambda_2}\ln\dfrac{d_3}{d_2} + \dfrac{1}{2\pi\lambda_3}\ln\dfrac{d_4}{d_3}}$$

$$(3-23)$$

对于 n 层圆筒壁的线热流量的计算公式为：

$$q_L = \frac{t_{w1} - t_{w(n+1)}}{\sum\limits_{i=1}^{n}\dfrac{1}{2\pi\lambda_i}\ln\dfrac{d_{i+1}}{d_i}} \quad (3-24)$$

各层管壁接触面温度的计算式为：

$$t_{i+1} = t_i - \frac{q_L}{2\pi\lambda_i}\ln\frac{d_{i+1}}{d_i} \quad (i = 1,2,3,\cdots,n)$$

$$(3-25)$$

多层圆筒壁内的温度分布曲线为一条曲折线。

【例 3-2】 某一蒸汽管道内外直径分别为 $d_1 = 150$ mm、$d_2 = 160$ mm，热导率 $\lambda_1 = 58.3$ W/(m·K)。管道的外表面包着两层保温层，厚度分别为 $\delta_2 = 30$ mm，$\delta_3 = 50$ mm。热导率分别为 $\lambda_2 = 0.175$ W/(m·K)，$\lambda_3 = 0.094$ W/(m·K)。蒸汽管道的内表面温度 $t_{w1} = 250$ ℃，最外层保温层的外表面温度 $t_{w4} = 50$ ℃。求：（1）每米蒸汽管道的热损失；（2）各层材料之间的接触面温度。

解： 由题意知：$d_3 = d_2 + 2\delta_2 = 0.16 + 2 \times 0.03 = 0.22$ （m）

$$d_4 = d_3 + 2\delta_3 = 0.22 + 2 \times 0.05 = 0.32 \text{ （m）}$$

（1）通过每米蒸汽管道的热损失为：

$$q_L = \frac{t_{w1} - t_{w4}}{\dfrac{1}{2\pi\lambda_1}\ln\dfrac{d_2}{d_1} + \dfrac{1}{2\pi\lambda_2}\ln\dfrac{d_3}{d_2} + \dfrac{1}{2\pi\lambda_3}\ln\dfrac{d_4}{d_3}}$$

$$= \frac{2\pi(t_{w1} - t_{w4})}{\dfrac{1}{\lambda_1}\ln\dfrac{d_2}{d_1} + \dfrac{1}{\lambda_2}\ln\dfrac{d_3}{d_2} + \dfrac{1}{\lambda_3}\ln\dfrac{d_4}{d_3}}$$

$$= \frac{2 \times 3.14 \times (250 - 50)}{\dfrac{1}{58.3}\ln\dfrac{0.16}{0.15} + \dfrac{1}{0.175}\ln\dfrac{0.22}{0.16} + \dfrac{1}{0.094}\ln\dfrac{0.32}{0.22}} = 216.29（\text{W/m}）$$

（2）各层材料之间的接触面温度为：

$$t_{w2} = t_{w1} - \frac{q_L}{2\pi\lambda_1}\ln\frac{d_2}{d_1} = 250 - \frac{216.29}{2 \times 3.14 \times 58.3}\ln\frac{0.16}{0.15} = 249.96(℃)$$

$$t_{w3} = t_{w4} + \frac{q_L}{2\pi\lambda_3}\ln\frac{d_4}{d_3} = 50 + \frac{216.29}{2 \times 3.14 \times 0.094}\ln\frac{0.32}{0.22} = 187.29(℃)$$

因金属壁较薄，热导率较大，金属的导热热阻远小于保温层的导热热阻，金属壁上的温度下降很小，因此保温层内表面的温度与管道内表面的温度近似相等。

任务二　对流换热概念认知与过程分析

一、对流换热的基本概念与过程分析

（一）对流换热的概念

1. 热对流

热对流发生在流体之中，主要是由于流体的宏观运动，使流体各部分之间发生相对位移，致使冷、热流体相互掺混而引起的热量传递现象。热对流总是与流体运动密切相关，并受到流体运动的影响，这是热对流的显著特征。就引起的流动原因而论，对流可以分为自然对流与强制对流两大类。

（1）自然对流

自然对流是由于流体中各部分的密度不同而引起的。当流体中各部分之间存在温差时，其密度也不尽相同，于是轻浮重沉，导致各部分之间的相对移动。电冰箱冷凝器和房间暖气片等换热设备，其表面冷、热空气的流动就是自然对流。

（2）强制对流

如果流体的流动是由于动力机械的作用造成的，则称为强制对流。如空调装置中的冷媒水、冷却水、制冷剂以及空气的强制流动，就是由水泵、压缩机或风机所驱动的。

常见的流体内部传热往往并非单纯是热对流，当流体内部存在温差时，必然发生导热，因此流体的热对流总是伴随着导热。

2. 对流换热

热对流可以在流体中温度不同的各部分之间发生，也可以在存在温度差异的流体与固体壁之间发生，而后者在工程实际中应用更普遍。流体与固体壁面之间既直接接触又相对运动时的热量传递过程称为对流换热。在这一过程中，不仅有离壁较远处流体的对流作用，同时还有紧贴壁面间薄层流体的导热作用。因此，对流换热实际上是一种由热对流和导热共同作用的复合换热形式。

对流换热按流体流动原因分为强制对流换热和自然对流换热；按流体是否有相变分为有相变对流换热和无相变对流换热；有相变对流换热又分为凝结换热和沸腾换热。

（二）对流换热过程分析

在流体力学中曾经介绍过，流体在管内流过时，即使流体主体的流动还是湍流状态，也只有在湍流主体中的流体质点在剧烈地混合，而紧靠管壁处总还是有做层流流动的层流内层，像薄膜一样盖住管壁。在层流内层和管壁之间存在着缓冲层。这种流动状况可用图 3 - 7（a）表示。

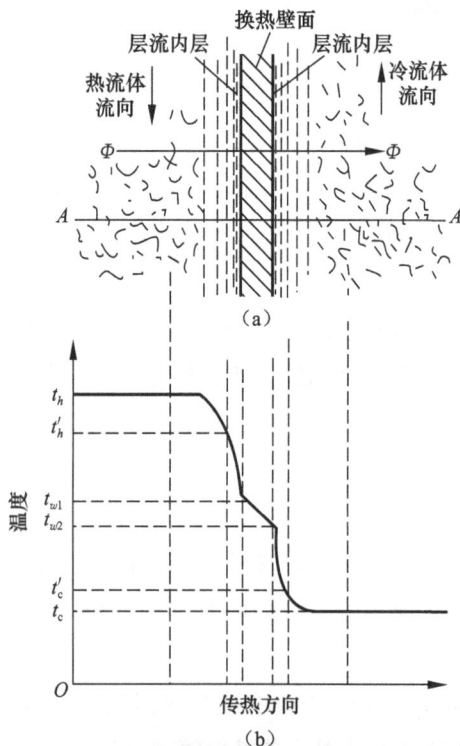

图 3 - 7   对流换热的流动状况与温度分布

（a）流动状况；（b）温度分布

　　在传热的方向上截取一截面 A—A，该截面上热流体的湍流主体温度为 t_h，冷流体湍流主体温度是 t_c，沿着传热的方向各点温度分布大致如图 3 – 7（b）所示。热流体湍流主体内因剧烈的湍动，使流体质点相互混合，故温度基本一致，经过渡区后温度就从 t_h 降到 t_h'，通过流体层流内层又降到管壁处的 t_{w1}；冷流体一侧的温度变化趋势与热流体刚好相反，各层界面处的温度如图 3 – 7（b）所示。

　　在冷、热流体的湍流主体内，因存在激烈的湍动，故热量的传递以热对流为主，其温度差很小；在缓冲层，导热和热对流都起着明显的作用，该层内发生较缓慢的变化；而层流内层，因各层间质点没有混合现象，热量传递是依靠导热的方式进行的，流体的层流内层虽然很薄，但温度差却占了相当的比例。根据多层平壁导热分析可知，哪一个分过程的温度差大，则它的热阻也大。对于图 3 – 7 的情形来说，对流换热的热阻主要集中在流体的层流内层内，因此减薄层流内层的厚度是强化对流换热的主要途径。

（三）牛顿冷却公式

　　对流换热是流体流过壁面时二者之间的热量传递，它是一个受许多因素影响的复杂的热量传递过程。目前无论哪一种形式的对流换热均采用牛顿冷却公式为基本计算公式，即：

$$\Phi = \alpha A \Delta t = \frac{t_w - t_f}{\frac{1}{\alpha A}} \qquad (3 - 26a)$$

或

$$q = \alpha \Delta t = \frac{t_w - t_f}{\frac{1}{\alpha}} \qquad (3 - 26b)$$

式中，A 为对流换热面积，m^2；Δt 为流体与固体壁面之间的温差，℃；t_f 是流体的温度，℃；t_w 是壁面温度，℃；α 是对流换热系数，$W/(m^2 \cdot K)$；q 是对流换热的热流密度，即单位面积的对流换热量，W/m^2；Φ 是面积为 A 的换热面的对流换热量，W。

　　式（3 – 26a）、式（3 – 26b）中可以定义相应的对流换热热阻为 $R_\alpha = \frac{1}{\alpha A}$，单位为 K/W；单位面积的对流换热热阻为 $r_\alpha = \frac{1}{\alpha}$，单位为 $m^2 \cdot K/W$。对流换热系数 α 越大，则对流换热热阻 r_α 越小，对流换热越强烈。

对流换热面积 A 和流体与固体壁面之间的温差 Δt 都比较容易确定，而反映换热强弱的对流换热系数 α，因受许多因素的影响，诸如流速、流体的物性参数、固体壁面的形状和位置等，则难以确定。上式只能作为对流换热系数的定义式，它并没有揭示对流换热系数与诸影响因数之间的内在联系，只不过把对流换热过程的一切复杂性和计算上的困难都集中在对流换热系数上罢了。因此，求取对流换热系数成为对流换热过程研究的主要任务。

（四）影响对流换热系数的因素

表面传热系数 α 的大小与换热过程中的许多因素有关，归纳起来大致有以下五个方面。

1. 流体流动的起因

前已述及，流体流动的原因有两种，一种是自然对流，另一种是强制对流。一般来说，强制对流的流速比自然对流高，因而表面传热系数也高。例如，空气自然对流表面传热系数为 $5 \sim 12$ W/$(m^2 \cdot K)$，而强制对流表面传热系数可达到 $12 \sim 100$ W/$(m^2 \cdot K)$；再如受风力的影响，房屋墙壁外表面的表面传热系数比内表面高出一倍以上。

2. 流体的流动状态及流速的影响

流体流动有层流与湍流之分。层流时流速较慢，流体各部分均沿着流道壁面作平行流动，各层流体之间互不掺混，热量传递主要依靠垂直于流动方向的导热，故表面传热系数的大小取决于流体的热导率。湍流时，除靠近壁面处流体的层流内层是以导热方式进行传热外，在湍流主体仍是以热对流传热为主，流体质点间有着剧烈的混合和位移，表面传热系数增强。显然湍流流动的对流换热要比层流流动对流换热的效果好。

对于同一种流动状态，当流体的流速增加时，流体的雷诺数增大，流体内部的相对运动加剧，由此将使得传热速率加快。

3. 流体的物理性质

流体的物理性质如密度 ρ、动力黏度 μ、热导率 λ 以及定压比热容 c_p 等，对表面传热系数有很大的影响。流体的热导率越大，流体与壁面之间的热阻就越小，换热就越强烈；流体的定压比热容和密度越大，单位质量携带的热量越多，传递热量的能力就越大；流体的黏度越大，黏滞力就越大，这就阻碍了流体的流动，加大了层流内层的厚度，不利于对流换热。总的来说，λ、c_p 和 ρ 值增大，表面传热系数 α 增大；μ 值增大，α 减小。

4. 流体有无相变

流体是否发生了相变，对对流换热的影响很大。流体不发生相变的对流换热，是由流体显热的变化来实现的。而对流换热有相变时，流体吸收或放出汽化潜热。对于同种流体，潜热换热要比显热换热剧烈得多。因此，有相变时的表面传热系数要比无相变时的大。另外，沸腾时液体中气泡的产生和运动增加了液体内部的扰动，从而强化了对流换热。

5. 换热表面的几何因素

几何因素是指换热表面的形状、大小、状况（光滑或粗糙程度）以及相对位置等。几何因素影响了流体的流态、流速分布和温度分布，从而影响了对流换热的效果。如图3-8（a）、（b）所示，流体在管内强制流动与管外强制流动，由于换热表面不同，其换热规律和表面传热系数也不相同。在自然对流中，流体的流动与换热表面之间的相对位置，对对流换热的影响较大。图3-8（c）、（d）所示的平板表面加热空气自然对流时，热面朝上时气流扰动比较激烈，换热强度大；热面朝下时流动比较平静，换热强度较小。

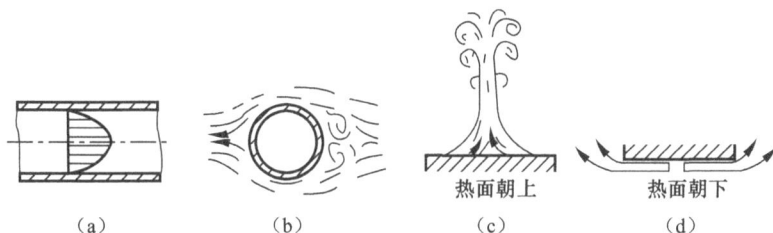

热面朝上　　　　热面朝下

（a）　　　　（b）　　　　（c）　　　　（d）

图3-8　壁面几何因素的影响

综上所述，影响对流换热系数 α 的主要因素，可定性地用函数形式表示为 $\alpha = f(\mu, l, \lambda, \rho, v, \cdots)$。

（五）对流换热所用到的准则与准则方程式

由于对流换热系数的影响因素非常多，用纯理论分析方法求解比较困难。迄今为止，在工程实际中，往往都是通过实验研究方法求解 α 值。

如果我们逐一改变影响换热过程的诸因素，通过实验去探求对流换热过程的规律，那么，由于影响因素众多，实验工作量非常大而难以完成。这就促使人们去探求更为科学的实验研究方法。

1. 对流换热所用的准则

在对流换热分析中，我们将遇到许多与此相类似的无量纲准则，为了区别，常根据最先使用它们的人而冠以他们的名字，并以他们名字的缩写字头作为代表符号。如雷诺准则就是因雷诺最先导出并使用它而定名的。

研究对流换热过程时，我们把众多的影响因素按照它们在过程中的作用组合成若干个无量纲的准则，准数的符号和意义如表 3 – 1 所示。

表 3 – 1　准数的符号和意义

符号	特征数名称	公式	意义
Nu	努赛尔数（Nusselt）	$Nu = \dfrac{\alpha l}{\lambda}$	表示对流换热的强弱，是被决定准数，包含待定的表面传热系数
Re	雷诺数（Reynolds）	$Re = \dfrac{ul}{v}$	表示流体的流动类型
Pr	普兰特数（Prandtl）	$Pr = \dfrac{v}{a}$	表示流体的物性影响
Gr	格拉晓夫数（Grashof）	$Gr = \dfrac{\beta g \Delta t l^3}{v^2}$	表示由于温度差而引起的自然对流的影响

各准数中物理量的意义：

α——对流传热系数，$W/(m^2 \cdot K)$；l——传热面的特征尺寸，可以是管内径或外径，或平板高度等，m；λ——流体的热导率，$W/(m \cdot K)$；v——流体的运动黏度，m^2/s；c_p——流体的定压比热容，$J/(kg \cdot K)$；u——流体的流速，m/s；β——流体的体积膨胀系数，K^{-1}，对于理想气体 $\beta = \dfrac{1}{T_m}$；Δt——温度差，℃；g——重力加速度，m^2/s；a——热扩散率，m^2/s。

本书后附表 9 ~ 附表 12 列出了常见物质的有关物性参数值以供应用。

Re、Pr、Gr 准则称为定型准则，其所包含的量都是已知量。而 Nu 是一个待定准则，它包含了待定的对流换热系数 α。待定准则是已知准则的函数。

2. 准则应用范围及使用时的注意事项

有了这些准则，当我们通过实验去研究各影响因素对对流换热过程的影响规律时，就不必对每个影响因素逐个地研究，而只研究每个准则数的变化对过程的影响便可。因为准则数的个数少于影响因素的个数，这就有效地减少了实验工作量，为研究复杂的对流换热带来极大的方便。

用准则数表示的函数关系式称为准则方程式。例如，与强制对流换热有关的变量可转化成三个无量纲准则之间的问题：

$$Nu = f(Re, Pr) \qquad (3 - 27)$$

而适用于流体自然对流换热的准则方程式为：

$$Nu = f(Gr,Pr) \tag{3-28}$$

因此，确定各准则之间的具体关系便成为通过实验研究对流换热的重要手段。

在确定及使用准则方程式的具体形式时，特别需要注意下述两点：

（1）定性温度

流体在换热器内的温度通常是变化的。确定准则中流体物性所依据的温度就是定性温度。不同的准则关联式确定定性温度的方法并不完全相同，有的是用流体进出换热器温度的算术平均值，有的采用流体平均温度与壁面温度的平均值，也有的是用传热面的壁面温度等。定性温度在表面传热系数的计算中非常重要。具体采用哪一种定性温度计算方法，要看建立准则关联式时所采用的温度。因此，在使用准则关联式时，要按准则关联式指定的定性温度来确定流体的物性。

（2）特征尺度

参与对流换热的换热表面几何尺寸往往有多个，实验中发现其中对换热有显著影响的几何尺寸，在建立准则关联式时就定为特征尺寸。如流体在圆形管内对流换热时，特征尺寸一般为管内径，横掠单管和管束时选用管道外径，流体纵掠平壁时选取流动方向的壁长。因此，在使用准则关联式时，要按准则关联式的要求来确定。

二、流体无相变时的对流换热

（一）流体在管内强制流动时的对流换热

考虑到工程实际应用，在此仅介绍管内紊流时的对流换热准则方程式：

$$Nu_f = 0.023Re_f^{0.8}Pr_f^{0.4}C_lC_tC_R \tag{3-29}$$

式（3-29）是工程计算中常用的求取管内强制对流换热平均对流换热系数的准则方程式，适用于 $Re_f = 10^4 \sim 1.2 \times 10^5$，$Pr = 0.7 \sim 120$ 的流体。特征尺度为圆管内径，定性温度为进出口截面流体的平均温度。

C_l 为考虑入口段对对流换热系数影响的入口效应修正系数。若是 $l/d \geqslant 60$ 的长管，入口段对整个管子平均对流换热系数的影响不大，可以不予考虑，取 $C_l = 1$。但对于 $l/d \leqslant 60$ 的短管，入口段的影响就不能忽略，必须用系数 C_l 加以修正：

$$C_l = 1 + (d/l)^{0.7}$$

C_t 为考虑边界层内温度分布对对流换热系数影响的温度修正系数。不同情况的 C_t 值为：液体被加热时 $C_t = \left(\dfrac{\mu_f}{\mu_w}\right)^{0.11}$；液体被冷却时 $C_t = \left(\dfrac{\mu_f}{\mu_w}\right)^{0.25}$；气体被加热时 $C_t = \left(\dfrac{T_f}{T_w}\right)^{0.55}$；气体被冷却时 $C_t = 1$。

这里 μ_f 表示以流体的平均温度为定性温度时流体的动力黏度；μ_w 表示以壁面的平均温度为定性温度时流体的动力黏度。

C_R 为考虑管道弯曲对对流换热系数影响的弯管修正系数。工程上使用的螺旋管、盘香管等，在应用由直管所得的换热公式计算换热系数 α 时，都必须乘以弯管修正系数 C_R。

对于气体　$C_R = 1 + 1.77\dfrac{d}{R}$；对于液体　$C_R = 1 + 10.3\left(\dfrac{d}{R}\right)^3$

其中，d 为弯管的内径，R 为弯管的曲率半径。

对于蛇形管，直管段较短时必须考虑弯曲段的影响，而直管段较长时，如锅炉过热器、省煤器的管子，弯曲段对整个管子平均对流换热系数的影响不大，可以近似取 $C_R = 1$。

【例 3 - 3】　水流过长 3 m 的直管，水从 20 ℃ 被加热到 30 ℃，管子的内径为 30 mm，水在管内的流速为 2.5 m/s，求水在管内的对流换热系数。

解：定性温度为 $t_f = \dfrac{20+30}{2} = 25$（℃），根据附表 11 查得水的物性参数为：

$$v_f = 0.905\,5 \times 10^{-6}\ \text{m}^2/\text{s}, \lambda_f = 0.608\,5\ \text{W}/(\text{m}\cdot\text{K}), Pr_f = 6.22$$

则

$$Re_f = \frac{vd}{v_f} = \frac{2.5 \times 0.03}{0.905\,5 \times 10^{-6}} = 8.28 \times 10^4$$

本题 $l/d > 60$，属于长管，$C_l = 1$；直管 $C_R = 1$。故：

$$Nu_f = 0.023 Re_f^{0.8} Pr_f^{0.4} \left(\frac{\mu_f}{\mu_w}\right)^{0.11}$$

$$\alpha = \frac{\lambda}{d} Nu_f = \frac{0.608\,5}{0.03} \times 0.023 \times (8.28 \times 10^4)^{0.8} \times 6.22^{0.4}$$

$$= 8\,333\ (\text{W}\cdot\text{m}^{-2}\cdot\text{K}^{-1})$$

(二) 流体在管外强制对流时的对流换热

工程上遇到的多是流体横掠管束的对流换热。过热器、省煤器等都是由管束组成，流体横向掠过管束时，流动将受到各排管子的连续干扰，因而远比横掠单管时复杂。此时，必须考虑管子排数、管束排列方式、管子间距及管子外径等几何因素对换热的影响。

管束的排列方式有顺排和叉排两种，如图 3-9 所示为这两种流动方式的流体流动情况。

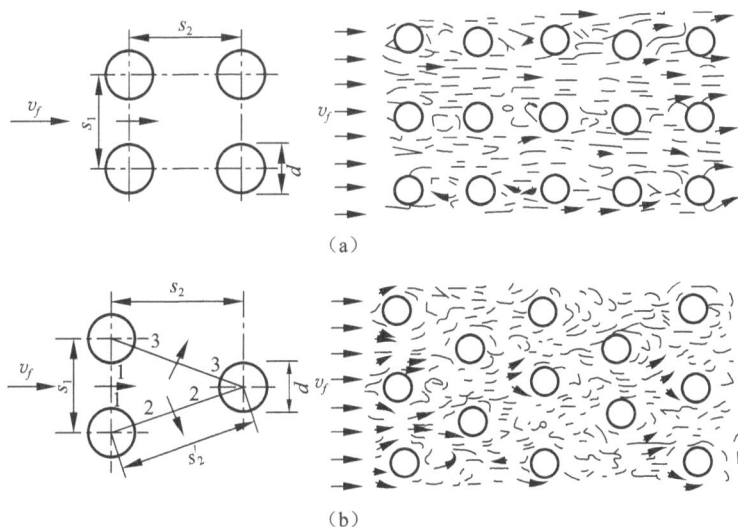

图 3-9 流体横掠管束时的流动状况

(a) 顺排；(b) 叉排

由图 3-9 可见，叉排与顺排相比较，顺排时后一排管子的前部直接位于前排管子的尾流之中，部分管面没有受到来流的直接冲刷，而对叉排管束来说，各排管子不但均受到前排管子间来流的直接冲刷，而且流体流动速度和方向不断改变，增强了流体的混合和扰动。故在相同的雷诺数和管排数下，叉排管束的平均表面传热系数 α 一般比顺排时高。当然，同时叉排的流动阻力损失也比顺排大。

影响管束表面传热系数的因素除了排列方式之外，还有管子的排数、管径以及管间距等。

流体在管外强制对流时的对流换热系数可按如下的准则方程式计算：

$$Nu_f = CRe_{f,\max}^m Pr_f^n \left(\frac{Pr_f}{Pr_w}\right)^k \left(\frac{s_1}{s_2}\right)^p C_z C_\varphi \qquad (3-30)$$

式中，定性温度除 Pr_w 取壁温外，其余都用管束间的流体平均温度 t_f，特征尺寸取管外径 d，$Re_{f,\max}$ 中的流速取流体的最大流速，C、m、n、k、p 系数和指数见表 3－2。C_z 为管束排数修正系数，见表 3－3。C_φ 为流体斜向冲刷管束时的修正系数，见表 3－4。

表 3－2　式（3－30）中的系数和指数

排列	$Re_{f,\max}$	C	m	n	k	p	备注
顺排	$10^3 \sim 2 \times 10^5$	0.27	0.63	0.36	0.25	0	
	$2 \times 10^5 \sim 2 \times 10^6$	0.033	0.8	0.36	0.25	0	
叉排	$10^3 \sim 2 \times 10^5$	0.35	0.60	0.36	0.25	0.2	$s_1/s_2 \leqslant 2$
	$10^3 \sim 2 \times 10^5$	0.40	0.60	0.36	0.25	0	$s_1/s_2 > 2$
	$2 \times 10^5 \sim 2 \times 10^6$	0.031	0.8	0.36	0.25	0.2	

表 3－3　管束排数修正系数 C_z

排数	1	2	3	4	5	6	8	12	16	20
顺排	0.69	0.80	0.86	0.90	0.93	0.95	0.96	0.98	0.99	1.00
叉排	0.62	0.76	0.84	0.88	0.92	0.95	0.96	0.98	0.99	1.00

表 3－4　斜向冲刷管束时的修正系数 C_φ

冲击角	15°	30°	45°	60°	70°	80°～90°
顺排	0.41	0.70	0.83	0.94	0.97	1.00
叉排	0.41	0.53	0.78	0.94	0.97	1.00

（三）自然对流换热

流体自然对流换热是指流体与固体壁面相接触，由于两者温度不同，靠近壁面的流体受壁面温度的影响，造成流体温度和密度的改变，流体主体与固体壁面附近的流体间因存在密度的差异而形成浮力，结果导致固体壁面附近的流体上升（或下降）和流体主体的流体下降（或上升）的自然对流。因此，流体与壁面之间的温度差是流体产生自然对流的根本原因。

自然对流又分为大空间自然对流和有限空间自然对流。如管道或设备表面与大气之间的自然对流换热就属于大空间的自然对流换热；将流体封闭在狭小的空间内进行自然对流换热，称为有限空间自然对流换热，如双层玻璃窗之间的空气层等。

自然对流换热与流体的升浮力、流体的物理性质有关，可用格拉晓夫数

Gr 表示其升浮力的影响，用普兰特数 Pr 表示其物理性质的影响；对于有限空间的自然对流换热还需要考虑尺寸和相对位置的影响。

大空间自然对流换热的准则方程式可整理成：

$$Nu = C(Gr \cdot Pr)^n \tag{3-31}$$

式中，定性温度为流体与壁面的平均温度；常数 C 和 n 由实验确定，几种典型情况的数值列于表 3 – 5 中。

表 3 – 5　式（3 – 5）中的 C 和 n 值

表面形状及位置	流动情况示意图	流态	C	n	适用范围（$GrPr$）	特征尺寸
竖直平壁或竖直圆柱		层流	0.59	1/4	$10^4 \sim 10^9$	壁面高度 H
		湍流	0.10	1/3	$10^9 \sim 10^{13}$	
水平圆柱		层流	1.02	0.148	$10^{-2} \sim 10^1$	圆柱外径 d
			0.85	0.188	$10^2 \sim 10^4$	
			0.48	0.25	$10^4 \sim 10^7$	
		湍流	0.125	1/3	$10^7 \sim 10^{12}$	
热面朝上或冷面朝下的水平壁		层流	0.54	1/4	$2 \times 10^4 \sim 8 \times 10^6$	矩形取两个边长的平均值；非规则形取面积与周长之比；圆盘取 $0.9d$
		湍流	0.15	1/3	$8 \times 10^6 \sim 10^{11}$	
热面朝下或冷面朝上的水平壁		层流	0.58	1/5	$10^5 \sim 10^{11}$	

三、流体有相变时的对流换热

前面介绍的对流换热是流体无相变时的对流换热。在热工设备中，还经常遇到蒸汽遇冷凝结和液体受热沸腾的对流换热过程。有相变的对流换热属于高强度换热，与无相变的对流换热相比换热过程更加复杂。下面将对这两种有相变的对流换热分别进行介绍。

（一）凝结换热

1. 凝结换热概述

蒸汽与低于相应压力下饱和温度的冷壁面相接触时，就会放出汽化潜热，凝结成液体附着在壁面上。此现象即为凝结换热。在制冷系统中冷凝器内制冷剂蒸汽与管壁之间的换热、在火电厂中凝汽器内水蒸气与管壁之间的换热等都是凝结换热。

根据凝结液润湿壁面的性能不同，蒸汽凝结分为膜状凝结和珠状凝结两种。

如果凝结液能够很好地润湿壁面，就会在壁面上形成连续的液体膜，这种凝结形式称为膜状凝结，如图3-10（a）、（b）所示。随着凝结过程的进行，液体层在壁面上逐渐增厚，达到一定厚度以后，凝结液将沿着壁面流下或坠落，但在壁面上覆盖的液膜始终存在。在膜状凝结中，纯蒸汽凝结时气相内不存在温度差，所以没有热阻。而蒸汽凝结所放出的热量，必须以导热的方式通过液膜才能到达壁面，又由于液体的热导率不大，所以液膜几乎集中了凝结换热的全部热阻。因此，液膜越厚，其热阻越大，表面传热系数也越小。膜状凝结的表面传热系数主要取决于凝结液的性质和液膜的厚度。

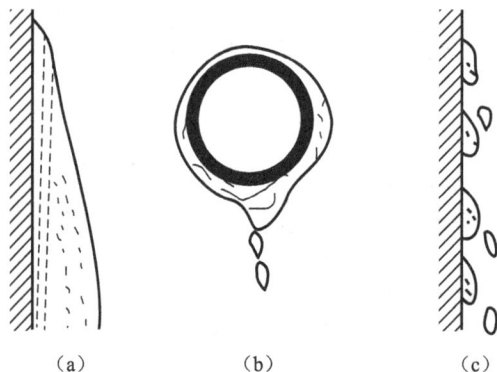

图3-10　蒸汽的凝结方式

（a）膜状凝结；（b）膜状凝结；（c）珠状凝结

如果凝结液不能很好地润湿壁面，则因表面张力的作用将凝结液在壁面上集聚为许多小液珠，并随机地沿壁面落下，这种凝结称为珠状凝结，如图3-10（c）所示。随着凝结过程的进行，液珠逐渐增大，待液珠增大到一定程度后，则从壁面上落下，使得壁面重新露出，可供再次生成液珠。由于珠状凝结时蒸汽不必通过液膜的附加热阻，而直接在传热面上凝结，故其表面传热系数远比膜状凝结时的大，有时大到几倍甚至几十倍。

由于珠状凝结的换热系数较高，工程上我们力图用珠状凝结来代替膜状凝结，使传热强化。目前，这方面已取得一些进展，但仍处于实验阶段，迄今为止并未能在生产上得到实际应用，故工程计算仍按膜状凝结来进行。下面的讨论只限于膜状凝结换热的分析和计算。

2. 膜状凝结换热的计算

（1）竖壁膜状凝结换热

在物性一定的条件下，膜状凝结换热系数的大小主要取决于液膜的厚度和膜层内液体的运动状态。实验表明，竖壁层流（$Re < 1600$）膜状凝结的平均对流换热系数为：

$$\alpha = 1.13\left[\frac{gr\rho_l^2\lambda_l^3}{\mu_l H(t_s - t_w)}\right]^{\frac{1}{4}} \tag{3-32}$$

式中，g 为重力加速度，m/s^2；ρ_l 为凝结液密度，kg/m^3；λ_l 为凝结液热导率，$W/(m \cdot K)$；μ_l 为凝结液动力黏度，$Pa \cdot s$；t_s 为冷凝温度，即蒸汽相应压力下的饱和温度，$℃$；t_w 为壁面温度，$℃$；H 为壁面高度，m；r 为汽化热，由饱和温度查取，J/kg。

凝结液的物性参数按膜层的平均温度 $t_m = \dfrac{t_s + t_w}{2}$ 确定。

（2）水平圆管外的膜状凝结换热

由于管径一般不是很大，所以蒸汽在水平圆管外的膜状凝结液膜一般为层流，其平均膜状凝结换热系数为：

$$\alpha = 0.725\left[\frac{gr\rho_l^2\lambda_l^3}{\mu_l d(t_s - t_w)}\right]^{\frac{1}{4}} \tag{3-33}$$

式中，d 为圆管外径，m。

工程上，冷凝器大多数由管束组成，蒸汽在管束外凝结时，上排管的凝结液会部分地落到下排管上去，使下排管的凝结液膜增厚，表面传热系数下降；但由于液滴下落时的冲击、扰动，又会使下排管的凝结液膜产生紊动，使表面传热系数回升。实际情况比较复杂，所以管束的平均表面传热系数目前还没有简易准确的计算式，一般用 $n_m d$ 代替 d 后用式（3-34）计算，即水平管束外凝结的平均凝结换热系数为：

$$\alpha = 0.725\left[\frac{gr\rho_l^2\lambda_l^3}{\mu_l n_m d(t_s - t_w)}\right]^{\frac{1}{4}} \tag{3-34}$$

式中，n_m 为竖直方向上平均管排数。

3. 影响膜状凝结换热的其他因素

以上讨论的是纯饱和蒸汽在静止或流速影响可忽略不计的情况下凝结换热的计算，但工程实际中还应考虑以下因素的影响。

（1）蒸汽的流速和流向

实际工程中的冷凝设备中，蒸汽是以一定的速度在一定的方向上流动的，这样蒸汽与凝结液膜之间就存在着相对运动，两者之间就会产生摩擦力，从而影响膜状凝结的传热。以水蒸气膜状凝结为例，一般认为，蒸汽流速小于 10 m/s 时，流速对传热影响很小，可以忽略不计。但当蒸汽流速较大（大于 10 m/s）时，若蒸汽与液膜流动方向一致，液膜将加速变薄，表面传热系数增大；当流动方向相反时，液膜将减速增厚，表面传热系数减小。而当蒸汽流速很大（大于 25 m/s）时，将会把液膜吹离表面，不论流向如何，都会使表面传热系数增大。

（2）蒸汽中含有不凝性气体

当蒸汽中含有不凝性气体（如空气、氯气）时，即使含量极微，也会对凝结换热产生十分有害的影响。例如水蒸气中含有 1% 的空气能使凝结表面传热系数降低 60%。因为不凝结气体层的存在，使蒸汽在抵达液膜表面进行凝结之前，必须以扩散的方式穿过不凝结气体层，使蒸汽与壁面之间的热阻加大，削弱了热量的传递。因此，排除不凝结气体是保证制冷系统冷凝器正常运行的关键。所以，火电厂凝汽器都装有抽气器，以便及时将凝汽器中的空气排出，不让空气聚积而降低凝汽器的凝结换热系数。

（3）过热蒸汽

前面的讨论都是针对饱和蒸汽的凝结而言的。对于过热蒸汽，只要把计算式中的汽化潜热改用过热蒸汽与饱和液的焓差，亦可用前述饱和蒸汽的表面传热系数公式计算过热蒸汽的凝结换热。实验研究表明，水蒸气的过热度对凝结传热影响不大。例如，101.325 kPa 下水蒸气过热度为 46 ℃时，膜状凝结平均表面传热系数 α 仅增加 1%，过热度为 243 ℃时，α 才增加 5%。一般冷凝器中蒸汽的过热度都不大，传热计算中可按饱和蒸汽处理。

（4）换热表面情况的影响

若冷凝器凝结壁面粗糙、有锈层或有油膜时，将增加液膜流动的阻力，从而使液膜加厚，增大热阻，降低表面传热系数。因此，要注意保持冷凝器凝结壁面的光滑和清洁，注重冷凝器的排油操作。

（5）凝结壁面的形状及位置

若沿凝结液流动方向上积存的液体增多，液膜增厚，使得表面传热系数下降，那么在设计和安装冷凝器时，应正确地安放冷凝壁面。如对一根管子而言，在其他条件相同的情况下，水平放置时的换热远比竖直放置时的换热效果好。这是竖直管的液膜由上向下逐渐增厚的缘故。为了减小这种情况的影响，往往在竖直管冷凝器上设置疏液装置，如图 3 – 11 所示，使得液膜厚度始终保持很薄，由此来提高竖直管的表面传热系数；对于水平管束，冷凝液从上面各排流到下面各排，液膜逐渐增厚，因此下面管子的表面传热系数要比上排的小。为了减薄下面管排上液膜的厚度，一般要减少竖直列上的管子数目，或者将管子的排列旋转一定的角度，使得凝结液沿下一根管子的切线方向流过，由此来减薄管子上的液膜堆积厚度，提高表面传热系数，如图 3 – 12所示。

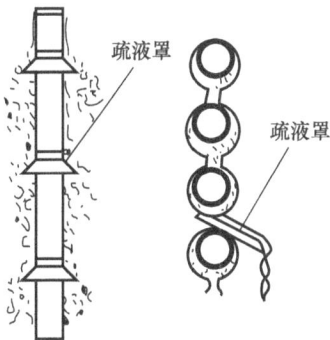

图 3 – 11　蒸汽冷凝器的疏液装置　　　图 3 – 12　旋转管对凝结的影响

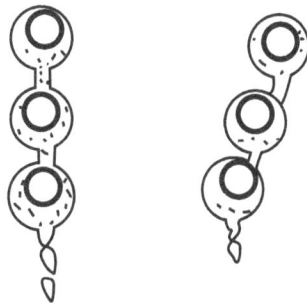

（二）沸腾换热

沸腾换热是指液体受热沸腾过程中与固体壁面间的换热现象。

液体在加热面上的沸腾，按设备的尺寸和形状可分为大容器沸腾和管内沸腾两种。大容器沸腾指的是加热面被浸在没有强制对流的液体中所发生的沸腾现象。此时，从加热面产生的气泡长大到一定尺寸后，脱离表面，自由上浮。大容器沸腾时，液体内一方面存在着由温度差引起的自然对流，另一方面又存在着因气泡运动所导致的液体运动。

管内沸腾是液体在一定压差作用下，以一定的流速流经加热管时所发生的沸腾现象，又称为强制对流沸腾。管内沸腾时，液体的流速对沸腾过程产生影响，而且在加热面上所产生的气泡不是自由上浮的，而是被迫与液体一起流动的，出现了复杂的气液两相流动。与大容积沸腾相比，管内沸腾更为复杂。

下面以水为例分析大容器沸腾换热的规律。

1. 大容器沸腾换热的三个阶段

实验表明，随壁面过热度 Δt 的变化，大容器沸腾会出现不同类型的沸腾阶段。以一个大气压下饱和水的沸腾为例。根据壁面过热度的不同，饱和水的沸腾可以分成自然对流阶段、核态沸腾阶段和膜态沸腾三个阶段，如图 3 - 13 所示。

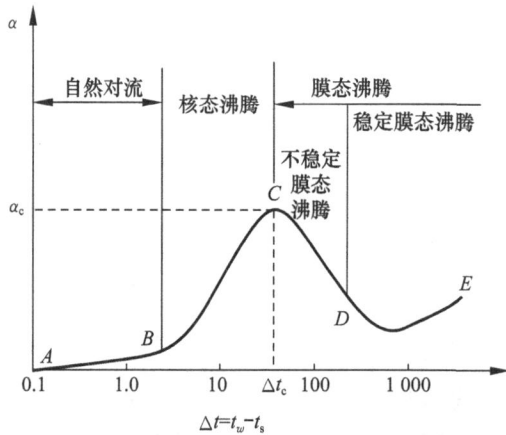

图 3 – 13   大容器沸腾换热的三个阶段

（1）自然对流阶段

当壁面过热度 Δt 比较低时，加热面表面的液体轻微过热，产生的气泡数量不多，沸腾换热基本上相当于液体自然对流时的换热情况。换热系数随 Δt 的变化较平坦。

（2）核态沸腾阶段

随着壁面过热度 Δt 的增大，加热面上汽化核态的数目增多，气泡数量显著增加。大量气泡的产生和运动，使沸腾液受到剧烈扰动，从而使换热系数迅速增大。这一阶段称为核态沸腾阶段，也称泡态沸腾阶段。

（3）膜态沸腾阶段

如果继续提高 Δt，加热面上生成的气泡太多，而且气泡产生的速度大于脱离表面的速度，气泡在加热表面汇合在一起形成一层不稳定的汽膜，使得液体不能与壁面直接接触。这一阶段称为膜态沸腾阶段。因蒸汽的热导率很小，故这层蒸汽膜的导热热阻很大，换热恶化，换热系数迅速下降。

2. 临界参数

由以上分析可见，沸腾温差的量变会引起沸腾换热机理的质变，由泡态沸腾转变为膜态沸腾的转折点 C 称为临界点，相应的沸腾温差称为临界温差，此时的热流密度称为临界热流密度 q_c。对于水的沸腾来说，各临界值为：

临界温差 $\Delta t = 25$ ℃；临界换热系数 $\alpha_c = 5.8 \times 10^4$ W/$(m^2 \cdot K)$；临界热流密度为 $q_c = 1.46 \times 10^6$ W/m^2。

需要指出的是，工程实际中一般总是设法控制在泡态沸腾区内操作，不允许膜态沸腾区内的操作。这是由于泡态沸腾区有较大的表面传热系数，而在膜态沸腾区内，虽然热流密度也可能很大，但由于液体的液面压力一定，饱和温度一定，Δt 的增大，实质上只是加热壁面温度的不断上升。当壁面温度超过金属材料所能承受的温度时，金属壁会烧坏。因此，工程实际中沸腾温差 Δt 要严格控制在临界点以下。

3. 大容器沸腾换热的计算

在 $(0.2 \sim 101) \times 10^5$ Pa 压力下的大容器核态沸腾的对流换热系数计算公式为：

$$\alpha = 0.1448 \Delta t^{2.33} p^{0.5} \qquad (3-35)$$

按 $q = \alpha \Delta t$，式 (3-35) 又可写成：

$$\alpha = 0.56 q^{0.7} p^{0.15} \qquad (3-36)$$

式中，Δt 为壁面的过热度，℃；q 为壁面的热流密度，W/m^2；p 为沸腾的绝对压力，Pa。

比较各种类型的对流换热，大致可以得出如下结论：液体的对流换热系数比气体的高；对于同一种流体而言，强制对流换热一般比自由对流换热强烈；紊流换热比层流换热强烈；有相变的换热比无相变的换热强烈。

任务三　辐射换热概念认知与过程分析

一、热辐射的基本概念

（一）热辐射的本质和特点

物体中的原子内部，处于束缚态的电子从高能态能级向低能态能级跃迁时，使电场发生变化；电场的变化引起相应磁场的变化；而磁场的变化又激起电场的变化。这样，电子跃迁所释放的能量就以交替变化的电磁波向四周放射出去，这种能量就叫作辐射能。可见物体的温度只要高于绝对零度，它便不可避免地发射出辐射能，物体的温度越高则发射的辐射能量越多。由于电磁波的传播是以光速进行的，而又不需要任何中间介质，因此，热辐射是不依赖任何介质而是用电磁波来传递热能的一种热传递方式，辐射换热是可以在真空中以光速进行的热传递过程。

电磁波包括波长从 10^{-8} μm 到几千米的各种波。根据不同波长范围的电磁波效应和用途，人们把它们分为宇宙射线、γ 射线、X 射线、紫外线、可见光、红外线和无线电波等，如图 3 - 14 所示。热射线的波长主要位于 0.4 ~ 100 μm 的范围内，其中包括可见光（波长 0.4 ~ 0.7 μm）和红外线（波长 0.7 ~ 25 μm 的近红外线和波长 25 ~ 100 μm 的远红外线）。可见光是大家比较熟悉的电磁波，其直线传播、投射、反射和折射等有关规律同样适用于热射线。但是，由于波长不同，可见光和一般工程上的热射线在某些情况下将表现出不同的特性，不能混淆。

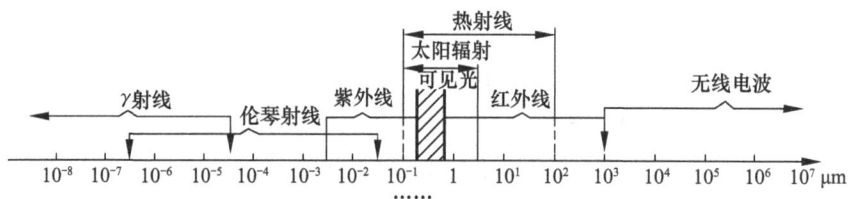

图 3 - 14　电磁波的波谱

各种电磁波都会产生不同程度的热效应，其中以波长 0.8 ~ 1 000 μm 的红外线投射到物体表面上时最易转变为热能，所以一般又把红外线称为热射线，它是辐射传热的主要对象。

热辐射的本质决定了辐射换热的特点：

① 热辐射不仅能进行能量的转移，而且还伴随着能量形式的变化，也就是从辐射能转化为热能，又从热能转化为辐射能。

② 辐射能不仅从高温物体向低温物体放射，同时也从低温物体向高温物体放射。其中高温物体放射得多，吸收得少，所以热量是从高温物体传向低温物体。

③ 辐射换热不依靠物质的直接接触而进行能量传递，也就是说电磁波可以在真空中传播，例如太阳能可以穿越辽阔的太空到达地面。

（二）物体对外来辐射的吸收、反射和透射

单位时间内，外界投射到单位面积物体表面上的全部波长范围的辐射能量称为投入辐射，记为 G，单位是 W/m^2。与可见光类似，当热辐射投射到物体表面时，也会被物体吸收、反射或穿透物体继续传播（如图 3 - 15 所示）。设吸收的能量为 G_α，反射的能量为 G_ρ，穿透的能量为 G_τ，则有：

$$G = G_\alpha + G_\rho + G_\tau$$

或者

$$\frac{G_\alpha}{G} + \frac{G_\rho}{G} + \frac{G_\tau}{G} = 1$$

式中，$\alpha = \dfrac{G_\alpha}{G}$，$\rho = \dfrac{G_\rho}{G}$，$\tau = \dfrac{G_\tau}{G}$，分别表示物体表面对外投入辐射的吸收比、反射比和穿透比。

图 3 - 15　物体对热射线的吸收、反射和穿透

可得：

$$\alpha + \rho + \tau = 1 \tag{3-37}$$

对于固体和液体，热射线是不能穿透的，式（3 - 37）可简化为：

$$\alpha + \rho = 1 \tag{3-38}$$

在热辐射现象中，气体的特点与固体和液体有很大不同，需要专门加以研究。当热辐射投射到气体上时，几乎不会出现反射现象，可以认为反射比 $\rho = 0$。于是，对于气体，有：

$$\alpha + \tau = 1 \tag{3-39}$$

实际物体的吸收比 α、反射比 ρ 和穿透比 τ 因具体条件的不同而千差万别，为了研究的方便，需要定义几种理想物体。其中吸收比 $\alpha = 1$ 的物体定义为黑体；反射比 $\rho = 1$ 的物体在发生镜面反射时称为镜体，在发生漫反射时称为白体；而穿透比 $\tau = 1$ 的物体称为透明体。显然，黑体、镜体（白体）和透明体都是假想的理想物体。

实际物体 α 值的大小，除了与物体的性质有关外，还与投入辐射的波长 λ 有关，即对不同波长的投入辐射，物体的吸收比 $\alpha_\lambda = \dfrac{G_{\lambda,\alpha}}{G_\lambda}$ 不相同，称为单色吸收比 $\alpha_\lambda = f(\lambda)$。

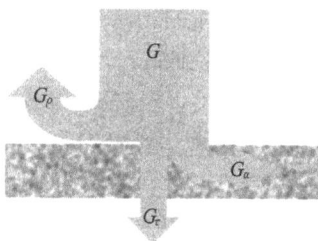

为了研究和计算的方便，在热辐射的理论中引入了灰体这一概念。

所谓灰体，是指单色吸收比与波长无关，只取决于物体本身的材料、温度和表面状况等性质的物体。即：

$$\alpha_\lambda = \alpha = 常数 \qquad (3-40)$$

实际工程应用中，有时需要采用对热辐射的波长具有选择性的特殊材料，如太阳能集热器的吸热板，此时不能按灰体来处理。而对于其他绝大多数工程材料，都可以近似地当作灰体来处理。

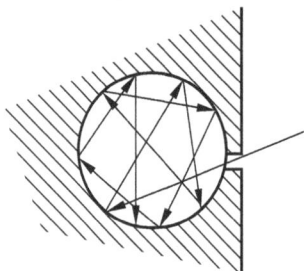

图 3-16　人工黑体

黑体是一种重要的理想物体，在所有物体中，它吸收外来投入辐射的能力最强，吸收比为 1；同时，在温度相同的物体之中，黑体发射辐射的能力也是最强的。自然界中不存在黑体，但可以制造出接近黑体的人工黑体模型（如图 3-16 所示）；采用吸收比比较高的材料为内表面制作一个空腔，空腔的壁面上开一个小孔，小孔的面积远小于空腔的内表面积，再设法使空腔内表面保持均匀的温度，则此时小孔处的假想表面就是人工黑体模型。只要小孔的尺寸与空腔相比足够小，进入小孔的辐射能经历多次吸收、反射，最后离开小孔的能量微乎其微，使小孔的吸收比接近于 1。

二、热辐射的基本定律

（一）斯忒藩－波尔兹曼定律

为了从数量上表示物体的辐射能力，我们引入辐射力这一概念。

辐射力是指单位时间内物体单位辐射面积向外界发射的全部波长的辐射能，用符号 E 表示，其单位为 W/m^2。辐射力表征物体发射辐射能的大小。

关于黑体辐射力与温度的关系，早在一百多年前，斯忒藩和波尔兹曼两位科学家就从实验和理论的角度进行过研究并得出结论：

$$E_0 = C_0 \left(\frac{T}{100} \right)^4 \qquad (3-41)$$

式中，E_0 为黑体的辐射能力，W/m^2；C_0 为黑体的辐射系数，其值为 5.67 $W/(m^2 \cdot K^4)$；T 为黑体表面的热力学温度，K。

式（3-41）说明，物质的辐射能力与物质的表面绝对温度的四次方成正比。

四次方定律是辐射传热的一条基本定律，是辐射传热计算的基础，它说明黑体的辐射能力仅与其温度有关，而与其他因素无关。

在实际工程中，将辐射能力小于黑体的物体称为灰体。在任何波长下一切实际物体的单色辐射能力都小于相应黑体的单色辐射能力，因此，一切实际物体的辐射能力也都小于同温度下黑体的辐射能力。实际物体的辐射能力与同温下黑体的辐射能力（E_b）的比值称为该物体的黑度，用符号 ε 表示：

$$\varepsilon = \frac{E}{E_b} \tag{3-42}$$

由式（3-41）与式（3-42）得：

$$E = \varepsilon E_b = \varepsilon C_0 \left(\frac{T}{100}\right)^4 \tag{3-43}$$

黑度表征实际物体辐射力接近同温下黑体辐射力的程度。一般物体的黑度数值在 0~1 之间，具体数值由实验确定。常用工程材料的 ε 值，可查阅有关资料，本书附录列出了部分常用工程材料的 ε 值。

【例 3-4】 设有一块钢板，温度为 27 ℃，试计算它的辐射能力；如果钢板加热到 800 ℃，它的辐射能力将为多少？（$\varepsilon_{钢} = 0.82$）

解：当钢板 27 ℃时：

$$E_1 = \varepsilon C_0 \left(\frac{T_1}{100}\right)^4 = 0.82 \times 5.67 \times \left(\frac{27 + 273.15}{100}\right)^4 = 376.6\,(\text{W/m}^2)$$

当钢板 800 ℃时：

$$E_2 = \varepsilon C_0 \left(\frac{T_2}{100}\right)^4 = 0.82 \times 5.67 \times \left(\frac{800 + 273.15}{100}\right)^4 = 61\,631\,(\text{W/m}^2)$$

（二）基尔霍夫定律

基尔霍夫定律揭示了实际物体在热平衡状态下辐射力与吸收率之间的关系。其表述为：在热平衡条件下，任何物体的辐射力和吸收率之比恒等于同温度下黑体的辐射力，并且只和温度有关。数学表达式为：

$$\frac{E}{\alpha} = E_b \tag{3-44}$$

从基尔霍夫定律可得如下结论：

① 物体的辐射力越大，其吸收率也越大，善于发射的物体也善于吸收。

② 实际物体的辐射力恒小于同温下黑体的辐射力。

③ 由式 (3-44) 可得 $\alpha = \dfrac{E}{E_{\mathrm{b}}}$，把它与黑度的定义式 $\varepsilon = \dfrac{E}{E_{\mathrm{b}}}$ 相对照，则有

$\alpha = \varepsilon$。此式说明物体的吸收率等于同温度下该物体的黑度。

三、固体壁面间的辐射换热

（一）辐射角系数

分析热辐射的目的之一在于计算物体间的辐射换热量。而物体间的辐射换热除与物体的表面温度和黑度有关外，还与物体换热表面的几何形状、大小及相对位置有关。图 3-17 为两固体表面辐射换热的三种不同情况。

从图中可以看出：图 3-17 （a）中板 1 辐射到板 2 的能量最多，图 3-17 （c）中板 1 对板 2 的辐射能量为零，而图 3-17 （b）中则介于两者之间。因此，对图 3-18 所示的两个任意位置的固体表面，由一个物体表面向外发射的辐射能，可能只有一部分到达另一物体表面，其余部分则落到表面以外的空间去了。显然，两个固体表面之间的辐射换热量与两个表面之间的相对位置有很大关系。为此，需引入表面几何因素的影响，即：角系数的概念。由辐射面直接落到接收面上的能量与辐射面发出的全部能量之比称为角系数 X。若表面 1 为辐射面，则辐射面 1 对接收面 2 的角系数为 $X_{1,2}$；若表面 2 为辐射面，则辐射面 2 对接收面 1 的角系数为 $X_{2,1}$。即：

$$X_{1,2} = \frac{\Phi_{1\to2}}{\Phi_1} \qquad (3-45)$$

$$X_{2,1} = \frac{\Phi_{2\to1}}{\Phi_2} \qquad (3-46)$$

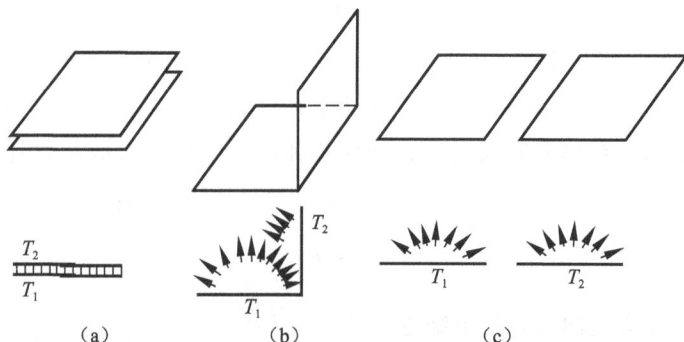

(a)　　　　　　(b)　　　　　　(c)

图 3-17　两个无限大的平板的三种布置情况

（a）叠加；（b）垂直；（c）同面

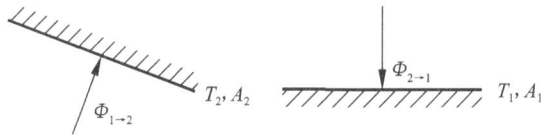

图 3 - 18 两任意放置的物体表面间的辐射换热

式中 Φ_1——辐射面 1 发射出去的能量，W；

Φ_2——辐射面 2 发射出去的能量，W；

$\Phi_{1\to2}$——辐射面 1 发出的能量落到接收面 2 上的能量，W；

$\Phi_{2\to1}$——辐射面 2 发出的能量落到接收面 1 上的能量，W。

角系数的实质是能量的比值。角系数的数值永远等于或小于 1。一旦两固体表面的表面积和相对位置确定了，它们的角系数数值也就确定了。角系数的确定方法可参考相关技术资料，常见的几种特殊情况的角系数与总辐射系数 $C_{1,2}$ 的计算式见表 3 - 6。

表 3 - 6 几种特殊情况的 X 值与 $C_{1,2}$ 的计算式

序号	辐射情况	面积 A	角系数 X	总辐射系数 $C_{1,2}$
1	两个极大的平行面	A_1 或 A_2	1	$C_b \Big/ \left(\dfrac{1}{\varepsilon_1} + \dfrac{1}{\varepsilon_2} - 1 \right)$
2	面积有限的两相等平行面	A_1	<1	$\varepsilon_1 \varepsilon_2 C_b$
3	很大的物体 2 包住小物体 1	A_1	1	$\varepsilon_1 C_b$
4	物体 2 恰好包住物体 1，$A_1 \approx A_2$	A_1	1	$C_b \Big/ \left(\dfrac{1}{\varepsilon_1} + \dfrac{1}{\varepsilon_2} - 1 \right)$
5	在 3、4 两种情况之间	A_1	1	$C_b \Big/ \left[\dfrac{1}{\varepsilon_1} + \dfrac{A_1}{A_2}\left(\dfrac{1}{\varepsilon_2} - 1 \right) \right]$

此处的 X 值可由图 3 - 19 查得。

（二）两固体间的辐射换热

工程上常见的是两固体之间的辐射换热。由于大多数固体可视为灰体，在灰体 1、2 两者相互辐射的过程中，从物体 1 发出的辐射能 E_1 只有部分到达物体 2 的表面，而到达物体 2 的这一部分能量，又有部分反射出来而不能全部吸收；与此同时，从物体 2 发出的辐射能 E_2 也只有部分到达物体 1 的表面，到达物体 1 表面的这部分能量也存在一部分被吸收、另一部分被反射的现象，两者之间进行着辐射能的反复发射和反射过程，加之两物体之间的空间位置关系，往往由物体发射或反射的辐射能不一定全部能投射到对方的表

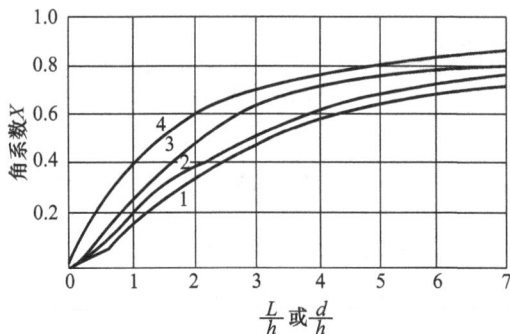

图3-19 平行面间直接辐射热交换的角系数

$$\frac{L}{h} = \frac{d}{h} = \frac{边长（长方形用短的边长）或直径}{辐射面间的距离}$$

1—圆盘形；2—正方形；3—长方形（边之比为2:1）；4—长方形（狭长）

面上。因此，在计算两固体之间的相互辐射换热时，必须考虑到两固体的吸收率、反射率、形状、大小及两物体之间的距离及相互位置，即角系数的影响。两固体间辐射换热的总结果为温度较高的物体传递给温度较低物体的净热量。即：两固体表面间的辐射换热量可按下式计算：

$$\Phi_{1,2} = C_{1,2}XA\left[\left(\frac{T_1}{100}\right)^4 - \left(\frac{T_2}{100}\right)^4\right] \tag{3-47}$$

式中　$\Phi_{1,2}$——净辐射热流量，W；

　　　$C_{1,2}$——总辐射系数，W/（m²·K⁴）；

　　　X——角系数；

　　　A——辐射换热的计算基准面积，m²。当两固体的辐射面积不相等时，取辐射面积较小的一个（见表3-6中的A_1）。

【**例3-5**】　一根直径为$d = 50$ mm，长度为$L = 10$ m 的钢管被置于横断面为 1 m×1 m 的砖槽通道内。钢管温度为$t_1 = 227$ ℃，黑度为$\varepsilon = 0.8$。砖槽壁面温度为$t_2 = 27$ ℃，黑度为$\varepsilon_2 = 0.9$。计算该钢管的辐射热损失。

解： 计算辐射面的表面积：

钢管 $A_1 = \pi dL = 3.14 \times 0.05 \times 10 = 1.57$（m²）

砖槽 $A_2 = 1 \times 10 \times 4 = 40$（m²）

应用表3-6的第5种情况计算钢管的辐射换热损失：

$$\Phi_{1,2} = C_{1,2} X A \left[\left(\frac{T_1}{100} \right)^4 - \left(\frac{T_2}{100} \right)^4 \right] = \frac{C_b}{\dfrac{1}{\varepsilon_1} + \dfrac{A_1}{A_2}\left(\dfrac{1}{\varepsilon_2} - 1 \right)} X A_1 \left[\left(\frac{T_1}{100} \right)^4 - \left(\frac{T_2}{100} \right)^4 \right]$$

$$= \frac{5.67}{\dfrac{1}{0.8} + \dfrac{1.57}{40}\left(\dfrac{1}{0.9} - 1 \right)} \times 1 \times 1.57 \times \left[\left(\frac{273 + 227}{100} \right)^4 - \left(\frac{273 + 27}{100} \right)^4 \right]$$

$$= 3\,861\,(\text{W})$$

四、气体辐射

前面在讨论固体表面间的辐射换热时，由于表面温度不高，可以不考虑固体表面间的介质对辐射换热的影响。认为固体表面间的介质是透热体，既不吸收能量也不辐射能量；而在工业上常遇到的高温范围内，分子结构对称的双原子气体，如 O_2、N_2、H_2 等可视为透热体；分子结构不对称的双原子气体及多原子气体，如 CO、CO_2、H_2O、CH_4 等气体辐射与固体辐射有很大差别，都具有相当大的辐射能力和吸收能力，工程上，烟气（或燃气）中的二氧化碳和水蒸气是主要的具有辐射能力的气体，其辐射和吸收特性对烟气的影响很大。

（一）气体辐射和吸收的特点

气体辐射和吸收与固体相比具有很多特点，其中主要有以下两点：

（1）气体的辐射和吸收对波长有强烈的选择性

通常固体和液体的辐射光谱和吸收光谱是连续的，它能辐射和吸收各种波长的辐射能。而气体只能辐射和吸收某一定波长范围内的能量，即气体的辐射和吸收具有强烈的选择性。气体辐射和吸收的波长范围称为光带，对光带以外的热射线，气体就成为透热体。图 3 - 20 是黑体、灰体及气体的辐射光谱和吸收光谱的比较，图中有剖面线的，是气体的辐射和吸收光带。表 3 - 7 中列出了水蒸气和二氧化碳辐射和吸收的三个主要光带，可以发现它们有部分光带是重叠的。

气体作为一种实际物体，其辐射能力仍可用其黑度来表征。但由于气体吸收具有选择性，气体的吸收能力除与本身情况有关外，还与外来的波长范围有关，因而气体的吸收率不再与其黑度相等，气体不能近似地作为灰体处理。

（2）气体的辐射和吸收是在整个容积中进行的

固体的辐射和吸收是在表面进行的，而气体是在整个容积内进行的。当

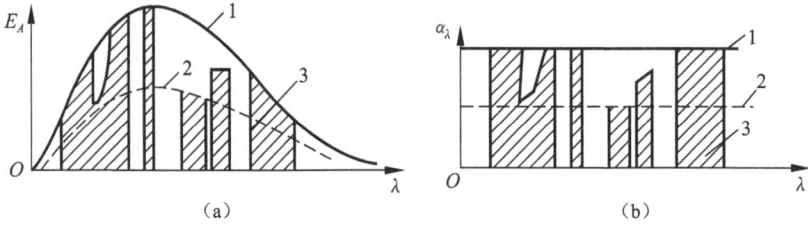

图3-20   黑体、灰体及气体的辐射光谱和吸收光谱的比较

(a) 辐射光谱；(b) 吸收光谱

1—黑体；2—灰体；3—气体

表3-7   水蒸气和二氧化碳的辐射和吸收光带

光带	气体种类			
	水蒸气		CO_2	
	波长范围/μm	带宽/μm	波长范围/μm	带宽/μm
	2.24~3.27	1.03	2.36~3.02	0.66
	4.8~8.5	3.7	4.01~4.8	0.79
	12~25	13	12.5~16.5	4.0

辐射能投射到气体界面上时，辐射能穿过气体界面并进入气体层，在透过气体层的过程中不断被气体吸收，其能量因沿途被气体吸收而减少，最后只有部分能量穿透整个气体层，如图3-21 (a) 所示。当气体层对某一界面辐射时，实际上是整个气体层中各处的气体对该界面辐射的总和，如图3-21 (b) 所示。

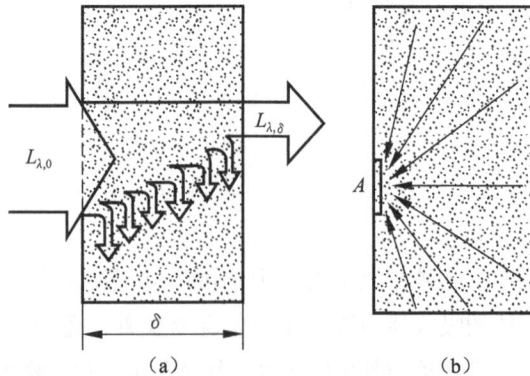

图3-21   气体的辐射和吸收

(a) 气体吸收；(b) 气体辐射

　　这些情况表明，气体的辐射和吸收除与其本身的性质有关外，还与气体容积的形状和大小有关。

（二）火焰辐射

　　锅炉内燃料燃烧产生的火焰与四周受热面（水冷壁）之间进行辐射传热的过程称为炉内辐射换热。炉膛内燃料燃烧产生的火焰中含有煤粒、飞灰与烟渣等具有辐射能力强的固体微粒，这些固体微粒的存在使火焰辐射不同于气体辐射，而近似于固体辐射，因此火焰辐射可近似地作为灰体处理。

　　发光火焰的辐射特性与其所含微粒的大小和数量有关。而火焰中所含微粒的大小和数量又由燃料种类、燃烧方式、炉膛的形状与容积、燃烧器性能、所供给的空气量以及不同部位的炉膛所含的微粒浓度不同等因素所决定，因此炉内辐射换热过程是很复杂的。

任务四　综合传热过程分析

一、基本概念

（一）复合换热

　　工程实际中，在物体的同一表面上，常常同时存在着对流换热和辐射换热。如锅炉炉墙外表面的散热过程，就包括了两种基本的热传递方式：炉墙附近的空气与炉墙表面进行自然对流换热的同时，炉墙和环境之间还进行着辐射换热。这种在物体的同一表面上既有对流换热又有辐射换热的综合热传递现象，称为复合换热。

　　复合换热的换热量应为对流换热量和辐射换热量两部分的总和，即：

$$q = q_{对} + q_{辐}$$

　　工程上为计算方便，常常采用把辐射换热量也表示成牛顿冷却公式的形式，则复合换热的总热流密度为：

$$q = q_{对} + q_{辐} = (\alpha_{对} + \alpha_{辐})(t_w - t_f) = \alpha(t_w - t_f) \qquad (3-48)$$

式中，$\alpha = \alpha_{对} + \alpha_{辐}$ 为复合换热的总换热系数，简称复合换热系数。$\dfrac{1}{\alpha_{对} + \alpha_{辐}} = \dfrac{1}{\alpha}$ 为复合换热热阻。在后面内容中出现的 α，如无特别说明，都是指复合换热系数。

（二）传热过程

火电厂中的换热设备，其热传递过程比复合换热更复杂，多是一种温度较高的流体（热流体）经过固体的分隔壁把热量传给温度较低的流体（冷流体）。如组成锅炉的各受热面（水冷壁、过热器、省煤器等），管外受到高温烟气的冲刷，管内是被加热的冷流体，高温烟气通过管壁加热管内冷流体。现以锅炉过热器为例分析其热量传递过程。

在烟道内，高温烟气的热量通过过热器壁面加热蒸汽的过程由三个串联的热传递过程组成：①高温烟气对管外壁面的复合换热过程；②管外壁面到管内壁面的导热过程；③管内壁面对管内蒸汽的对流换热过程。

我们可以把上述过程直观地表示如下：

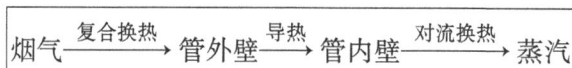

采用同样的方法，对火电厂常见的换热设备分析如下：

水冷壁：

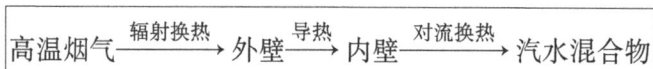

冷油器：

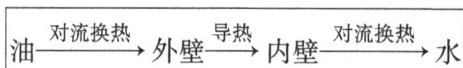

凝汽器：

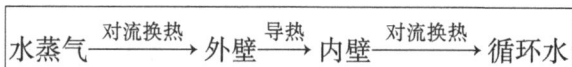

我们把这种冷热流体各处一方，中间由固体壁面隔开，热量从热流体经过固体壁面传递给冷流体的过程称为传热过程。它是工程中广泛遇到的一种典型的热量传递过程。

（三）传热方程式

传热过程所包含的导热、对流和辐射等局部换热方式都影响着传热过程本身的强烈程度，为了在形式上使得计算公式简便，用一个考虑了上述各局部因素在内的系数 K 来表示传热过程的强烈程度，称为传热系数。这样，稳定传热过程的传热量可用式（3-49）表示：

$$\Phi = KA(t_{f1} - t_{f2}) = KA\Delta t \qquad (3-49)$$
$$\Delta t = t_{f1} - t_{f2}$$

式中，A 为传热面积，m^2；t_{f1} 为热流体的温度，℃；t_{f2} 为冷流体的温度，℃；Δt 为热流体与冷流体的温差，又叫传热温差，℃；K 为传热系数，$W/(m^2 \cdot ℃)$；Φ 为传热量，W。

式（3-49）称为传热方程式，广泛应用于热工计算中。

由式（3-49）可知，单位面积上的传热量即热流密度 q 可表示为：

$$q = \Phi/A = K(t_{f1} - t_{f2}) = K\Delta t \qquad (3-50)$$

传热方程式还可改写成下列形式：

$$\Phi = \frac{\Delta t}{\dfrac{1}{KA}} = \frac{\Delta t}{R_k} \qquad (3-51)$$

$$q = \frac{\Delta t}{\dfrac{1}{K}} = \frac{\Delta t}{r_k} \qquad (3-52)$$

我们把 $\dfrac{1}{KA}$ 和 $\dfrac{1}{K}$ 称为传热热阻，其中 $\dfrac{1}{KA}$ 表示整个传热面上的热阻 R_k，$\dfrac{1}{K}$ 表示单位传热面上的热阻 r_k。

二、传热的增强与削弱

工程中遇到的大量传热问题，除需要计算传热量外，很多情况下还涉及如何增强和削弱传热的问题，例如如何提高省煤器、空气预热器等换热设备的换热能力，如何减少气缸壁、过热蒸汽管道的散热损失等。

由传热方程式 $\Phi = KA(t_{f1} - t_{f2}) = KA\Delta t$ 可知，传热量由三个因素决定，即传热温差、传热面积和传热系数，改变其中任一因素都会对传热带来影响。下面结合火电厂实际，分析增强和削弱传热的主要途径。

（一）增强传热

所谓增强传热，是指通过传热分析，找出影响传热的各种因素，采取某些技术措施以提高换热设备的传热量。这不仅可使设备结构紧凑、重量减轻和节省金属材料，而且是节约能源的有效措施。由传热方程式 $\Phi = KA(t_{f1} - t_{f2})$ 可知，提高传热系数、扩展传热面积以及加大传热温差都能达到增大传热量的目的。因此，强化传热的基本途径应从这三方面着手。

1. 提高传热系数

提高传热系数是增强传热的最有效措施。提高传热系数，就是要减小传热热阻。减小传热过程的热阻可分别从减小导热热阻、对流换热热阻和辐射换热热阻着手。

（1）减小导热热阻

导热热阻仅取决于壁厚和材料的热导率，在机械强度允许的条件下减小壁厚，在考虑综合经济效益的前提下选用热导率大的材料，都可以减小导热热阻。火电厂中为减小导热热阻，传热面都尽量采用导热性能好的薄金属壁，如过热器、省煤器等管壁金属材料的导热热阻都很小。

但要注意的是，火电厂中的换热设备在运行一段时间后，换热面上会起水垢、油垢、烟灰等覆盖物垢层，或者由于表面本身的腐蚀变质也会引起覆盖物垢层，这种情况称为表面结垢。如过热器、省煤器、再热器等，管子外表面有烟垢，内表面有水垢。结垢的表面就会产生附加热阻，由于水垢、灰垢和油垢的热导率较小，因此这些垢层即使很薄，也能产生很大的热阻，有时会成为传热过程的主要热阻。

因此，在换热器的运行过程中，对污垢热阻应予以足够重视。为减少污垢热阻，强化传热，进入锅炉的给水必须预先处理，以提高给水品质；运行中各受热面应定期吹灰或清洗，锅炉要定期排污和连续排污，确保受热面清洁。

（2）减小对流换热热阻

增大流速和增强扰动以减薄和破坏边界层，是减小对流换热热阻的主要方式。

提高流体流速，可减小层流底层的热阻；利用入口段换热强的特点，采用短管，可减小边界层厚度。

人为设置扰动源也是破坏边界层的有效办法。例如，采用螺旋管、波纹管、螺纹管，增装扰流子和涡流发生器，以及正确布置换热面如叉排布置等诸方法都可以有效地增强扰动，破坏边界层。如一些大容量锅炉的水冷壁就在高热负荷区段采用内螺纹管，使汽水混合物流动时产生强烈扰动，以破坏膜态汽层，强化传热。

凝汽器内水蒸气凝结时，及时排除不凝结气体，加装泄液装置可减小凝结换热热阻。

（3）减小辐射换热热阻

增加系统黑度、增加物体间的角系数和提高辐射源温度等都能减小辐射换热热阻。

2. 扩展传热面积

扩展传热面积不是指单纯增大换热设备的几何尺寸来增加传热面积，而应从改进传热面的结构出发，合理提高设备单位体积的传热面积。

工程上常有换热表面一侧是气体，另一侧是液体的传热情况。由于通常气体侧换热系数比液体侧换热系数小得多，因此，气体侧热阻往往比液体侧大得多。要有效增强传热，就要设法减小气体侧换热热阻，如果条件限制不能采用上述提高气体侧换热系数的办法，那最好的选择是在换热面的气体侧加肋，如图 3 - 22 所示。

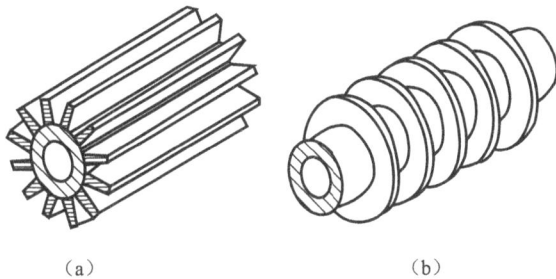

（a）　　　　　　　　　　　（b）

图 3 - 22　肋片的典型结构

（a）直肋；（b）环肋

火电厂很多设备就是用加肋的方法强化传热的。以膜式水冷壁为例，水冷壁内部为沸腾换热，换热系数很大，局部热阻小，而外部以辐射换热为主，与管内相比，局部换热热阻大，因此为增强传热，应在管外加肋，故将光管制成鳍片管。又如省煤器，在热阻大的外侧面（烟气侧）加肋，制成肋片式省煤器，可有效地增强传热。在传热量相同的条件下，与光管省煤器相比可节省材料 30%，节省省煤器高度尺寸约 30%，总金属消耗量可减少 10%，而且改变了管外烟气流动状况，减少了磨损。

3. 加大传热温差

提高冷热流体间的温差，可以通过升高热流体的温度和降低冷流体的温度来实现。火电厂凝汽器在冬天的换热效果比在夏天好，就是因为冷却循环水在冬天温度更低。但是，流体温度的改变往往受工作条件限制，并不是可以随便改变的。在火电厂的换热器中，加大传热温差，主要通过合理布置流体的流动方式来实现。

（二）削弱传热

增强传热的反面就是削弱传热。根据传热方程式可知，可通过减小传热温差、减小传热面积和传热系数的方法来削弱传热。工程上使用最广泛的方法是在管道和设备上覆盖保温隔热材料，使其导热热阻大幅度增加，进而使总热阻增加，以削弱传热。

1. 保温隔热的目的

（1）减小热损失

工业设备的热损失是相当可观的。100 MW 的火电厂即使按国家规定的标准设计进行保温隔热，一天的散热量也相当于多损耗 120 t 标准煤。如不保温隔热，其热损失将增加数倍。

（2）保证流体温度，满足工业要求

在工程上，由于工艺需要，要求热流体有一定的温度。如不采取保温隔热措施，将由于输送过程的热损失，使流体温度降低，而不能满足生产和生活的需要。

（3）保证设备的正常运行

例如，汽轮机如保温不好，或保温层损坏或脱落，将因外壳温度不均匀引起金属局部热应力，产生局部热变形。

（4）减少环境热污染，保证可靠的工作环境

设备和管道的散热量大，不仅带来了热损失，而且使环境温度升高，使工作人员无法正常工作。

（5）保证工作人员的安全

为防止工作人员被烫伤，我国规定设备和管道的外表面温度不得超过50 ℃。

2. 对保温隔热材料的要求

（1）热导率小

热导率越小，同样厚度的保温隔热材料的保温隔热效果越好。随着科学技术的进步和发展，不断出现新型保温隔热材料，如玻璃棉、矿渣棉、岩棉、硅酸铝纤维、氧化铝纤维、微孔硅酸钙、中空微珠（又称漂珠）、聚氨酯泡沫塑料、聚苯乙烯发泡塑料等，它们的热导率比传统的保温隔热材料小得多。

（2）温度稳定性好

在一定温度范围内保温隔热材料的物性值变化不大，但超过一定的温度会发生结构上的变化，使其热导率变大，甚至造成本身结构破坏，无法使用。因此，保温隔热材料的使用温度不能超过允许值。

（3）有一定的机械强度

若保温隔热材料的机械强度低，则易受破坏，而使散热增加。

（4）吸水、吸湿性小

水分会使材料的热导率大大增加。

3. 最佳厚度的确定

保温隔热层越厚，散热损失越小。但保温隔热层的费用也随之增加。为了统筹兼顾，一般按全年热损失费用和保温隔热层折旧费用总和为最低时的厚度来设计。此厚度称为最佳厚度或经济厚度。

任务五　换热器的分类与实例分析

一、换热器的分类

火电厂中，换热器种类繁多，功用不一，但就其工作原理来看，基本上可以分为三类：回热式换热器、混合式换热器和表面式换热器。

1. 回热式换热器

这类换热器利用了换热元件的蓄热作用，在这种换热器中（见图 3 - 23），流过同一传热元件壁面的，一会儿是热流体，一会儿是冷流体，当热流体流过壁面时是加热期，热量被壁面吸收并蓄积在传热元件中，当冷流体流过同一壁面时是冷却期，传热元件将储存的热量释放给冷流体，使冷流体温度升高。这样冷、热流体交替地流过同一固体壁面，传热元件壁面被周期性地加热和冷却，热量也就周期性地不断由热流体传给冷流体。在连续的运行中，虽然传热元件吸收和放出的热量相等，但热传递过程却是非稳态的。

如图 3 - 24 所示的回转式空气预热器就属于这类换热器。在回转式空气预热器中，烟气（热流体）在一通道中流动，空气（冷流体）在另一通道中流动，装有传热元件的转子缓慢转动，使传热元件交替地经过烟气和空气通道，当传热元件转到烟气通道时，它吸收烟气的热量并将之蓄积起来，当它

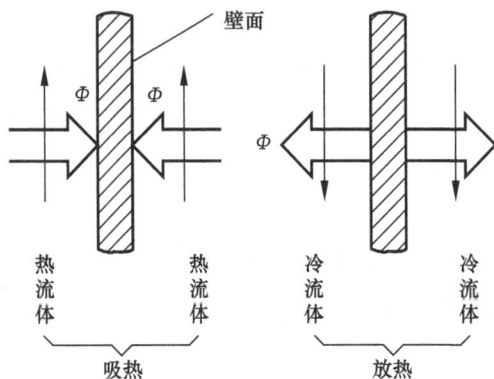

图 3 – 23   回热式换热器工作原理图

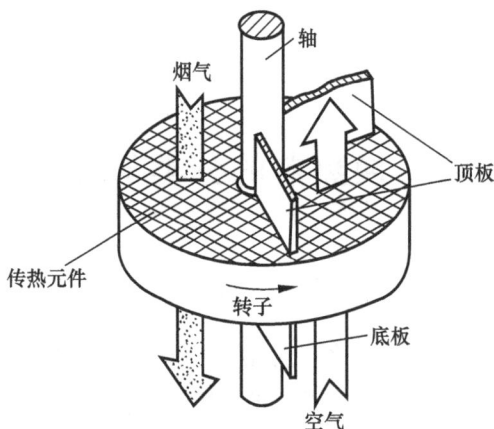

图 3 – 24   回转式空气预热器

再转到空气通道时，又将蓄积的热量传给空气，从而实现了利用烟气加热空气的目的。

　　这类换热器的主要特点是结构紧凑，节约金属，传热效率较高，通常用于换热系数不大的气体介质之间的传热。由于传动机构在连续运行时较难维护，且转动部位较难密封，特别是当两种流体压力差较大时，往往有高压侧流体向低压侧泄漏的现象，从而造成不同流体的混合。因此，为了防止冷、热流体间的混合及向外界泄漏，对密封性要求较高。火电厂中只有空气预热器使用这种设备。

　　2. 混合式换热器

　　在混合式换热器中（见图 3 – 25），进入换热器的冷、热流体完全混合，热量的交换是依靠冷、热流体的直接接触和混合来实现的，在热量传递的同时还伴随有质量交换，且混合加热的结果，可使冷、热两种流体最终达到相同的出口温度。火电厂中的除氧器、喷水减温器、冷却塔等都属于这类换热器。如图 3 - 26 所

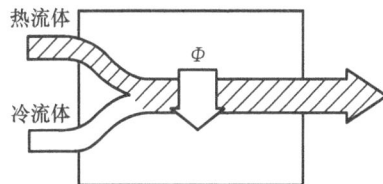

图 3 - 25　混合式换热器示意图

示为淋水盘式除氧器。除氧塔内部交替地装有若干层环形滴水盘和圆形滴水盘，各盘底部开有许多小孔。需要除氧的主凝结水和化学补充水从上端引入，流进上部环形滴水盘后，通过盘底小孔和盘边齿形缺口，以小水滴形式依次落到下面各层。从汽轮机抽汽口引来的抽汽，由除氧塔底部进入，通过滴水盘所形成的蒸汽通道逆流而上，与下落的小水滴相遇，交换热量，把水加热至饱和温度，使原来溶解于水中的各种气体逸出，达到除氧的目的。同时，抽汽本身放热凝结成水，与已除过氧的水一起汇集于给水箱内。

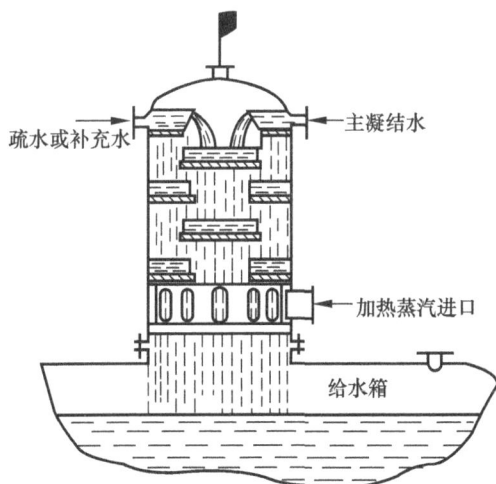

图 3 - 26　淋水盘式除氧器

　　喷水减温器是将给水或凝结水直接喷射到过热蒸汽中，吸收蒸汽中的热量，达到降低过热蒸汽温度的目的。如图 3 - 27 所示，在喷水减温器的联箱内装有文丘里喷管，蒸汽进入喷管时，减温水从喉部四周小孔喷入，在高速气流冲击下雾化和混合，交换热量，使水滴汽化以降低过热汽温。

　　在冷却水塔中（见图 3 - 28），从凝汽器中出来的温度升高后的循环水，

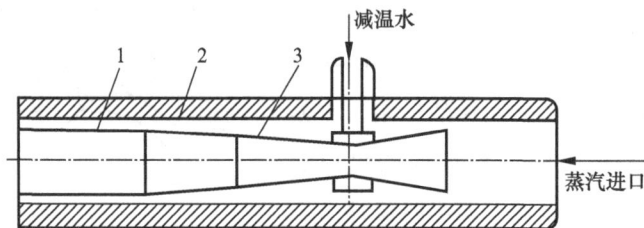

图 3-27 喷水减温器

1—直筒；2—联箱；3—缩放式喷管

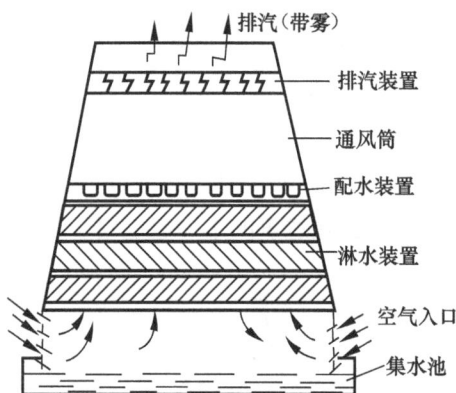

图 3-28 冷却水塔

经淋水塔的配水装置，分解成水滴由上至下流动，冷空气从塔下部进入，向上流动与水滴混合，热水滴向冷空气释放热量，温度降低后送到集水池。

混合式换热器传热速度快，传热效率高，设备简单，但当不允许冷、热两种流体直接混合时，就不能使用，所以其应用范围受到一定限制。

3. 表面式换热器

表面式换热器又称间壁式换热器。在表面式换热器中（见图 3-29），冷、热流体被壁面隔开，分别在壁面两侧流动，在换热过程中两种流体互不接触，热量由热流体通过壁面传递给冷流体。

由于表面式换热器具有冷、热流体互不掺混的特点，对流体适应性较强，又没有传动机构，使用、维修、密封都较方便，因而应用最为广泛。发电厂中的换热设备大多是表面式换热器。如过热器、再热器、省煤器（见图 3-30）、管式空气预热器、凝汽器、冷油器等。

本任务将重点讨论表面式换热器。

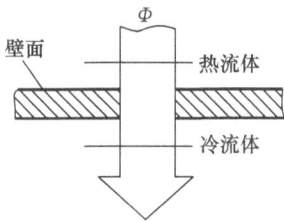

图 3 - 29　表面式换热器示意图

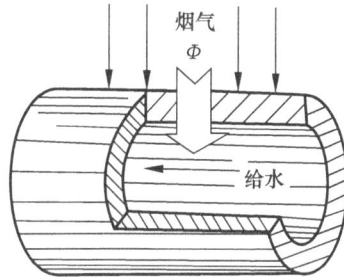

图 3 - 30　省煤器

表面式换热器由于流动方式和换热面结构不同，又可划分为不同的类型。

（1）按结构分类

根据传热面的结构形状，表面式换热器可分为以下四种：

① 套管式换热器。这是最简单的一种表面式换热器，如图 3 - 31 所示，它由两根同心圆管组成，一种流体在内管流动，另一种流体在外管内流动。这种换热器没有大直径的外壳，承压能力强，可作为高压流体的热交换器，且使用、安装的灵活性较大，清洗容易，但其换热量较少，且占地面积大。

② 壳管式换热器。这是表面式换热器的主要形式，应用最为广泛，火电厂中的冷油器、凝汽器等都属于壳管式换

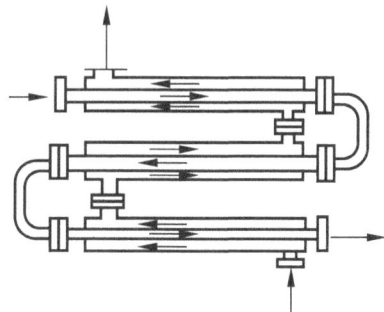

图 3 - 31　套管式换热器

热器。图 3 - 32 是壳管式换热器的示意图，它由一个大的外壳和许多管子组成，管子两端固定在管板上，管束与管板再封装在外壳内，外壳两端有封头。一种流体从进口封头流进管子里，再经出口封头流出，流动路程称为管程；另一种流体从外壳上的连接管进入换热器，在壳体与管子之间流动，流动路程称为壳程。管程流体和壳程流体互不掺混，只是通过管壁交换热量。由于流体横向掠过管子的换热效果要比顺着管子面纵向流过时为好，因此外壳内一般装有折流挡板，以保证管外流体的良好冲刷并提高管间流体的流动速度，从而改善壳程的换热效果。根据管程和壳程的多少，壳管式换热器有不同的型式，图 3 - 32（a）为一壳程一管程，即 1—1 型换热器；图 3 - 32（b）、（c）分别为 1—2 型和 2—4 型换热器。壳管式换热器结构坚固，易丁制造，

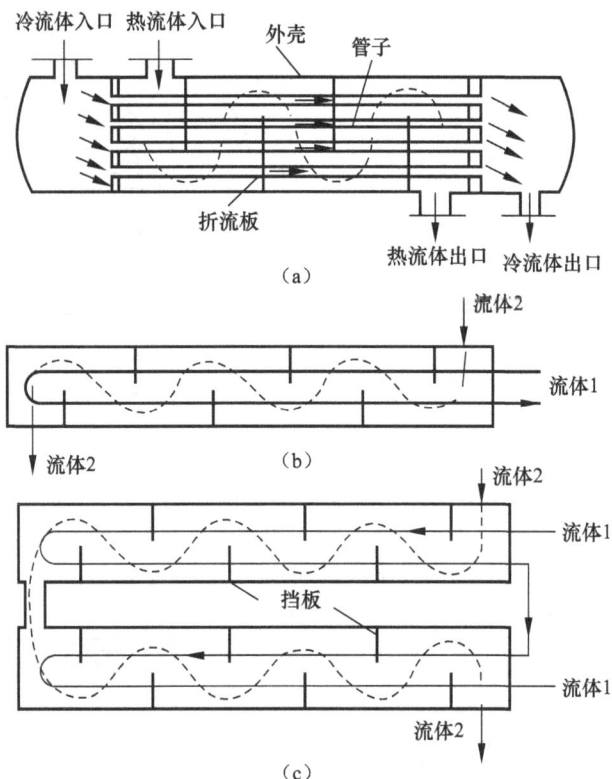

图 3 - 32   壳管式换热器

(a) 1—1 型；(b) 1—2 型；(c) 2—4 型

适应性强，便于清洗，高温高压场合下均可应用。但因其传热系数低，以致体积较大，显得笨重。

③ 肋管式换热器。这种换热器在管外加有肋片，以减少管外热阻，使换热得到强化，如图 3 - 33 所示。

④ 板式换热器。这类换热器以板作传热表面，由于流体沿板流动的换热系数较小，通常在板上加翅片或设法使流体受到扰动来强化传热，故也常称为板翅式换热器和螺旋板式换热器。图 3 - 34 为板翅式换热器结构示意图。

（2）按流动方式分类

表面式换热器按流动方式又分为顺流、逆流和复杂流三种。

冷、热两种流体总体上平行流动且方向相同时称为顺流，见图 3 - 35（a）；两种流体总体上平行流动但方向相反时称为逆流，见图 3 - 35（b）；其他流动方式统称为复杂流，见图 3 - 35（c）~（h）。

图 3-33　肋管式换热器

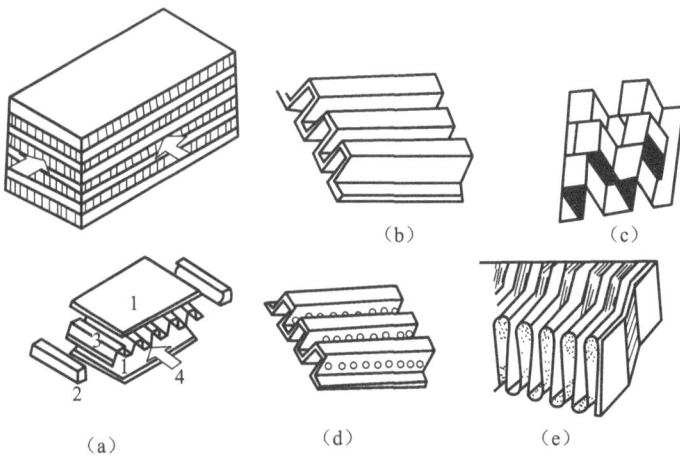

图 3-34　板翅式换热器结构示意图

（a）板翅式换热器；（b）平直翅片；（c）锯齿翅片；（d）多孔翅片；（e）波纹翅片

1—平隔板；2—侧条；3—翅片；4—流体

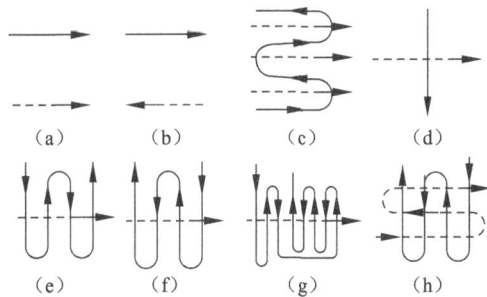

图 3-35　流体在换热器中的流动方式

（a）顺流；（b）逆流；（c）平行混合流；（d）一次交叉流；（e）顺流式交叉流；

（f）逆流式交叉流；（g）、（h）混合式交叉流

二、表面式换热器实例分析

传热学理论是分析各类换热器传热过程的基础。火电厂的主要换热设备，如锅炉各受热面和汽轮机主要辅助设备（如凝汽器、加热器、冷油器等）的传热过程都较复杂，它们之间既有共同点又有区别。下面利用传热理论对这两类换热设备进行简单的传热分析。

（一）锅炉各受热面的传热分析

1. 锅炉各受热面及其工作过程

锅炉受热面的组成如图 3-36 所示。

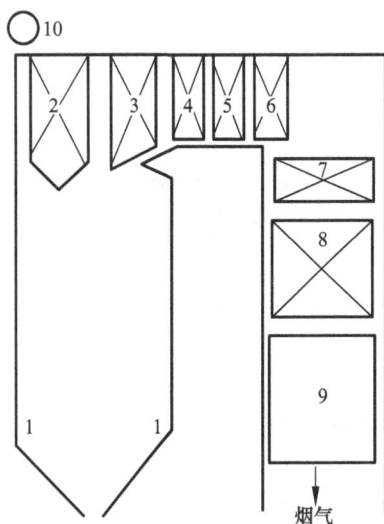

图 3-36　锅炉受热面组成

1—水冷壁；2—前屏过热器；3—后屏过热器；4—高温过热器；5—低温过热器；6—高温再热器；7—低温再热器；8—省煤器；9—空气预热器；10—汽包

将锅炉受热面工作过程分为烟气侧和工质侧来说明。

在烟气侧，冷空气经空气预热器加热后送入炉膛，在炉膛内，燃料与热空气混合燃烧后生成高温烟气，经水冷壁、过热器、再热器、省煤器、空气预热器等设备依次放热冷却后排出炉外。

在工质侧，给水经省煤器加热后送入汽包，由汽包经下降管到炉膛底部的下联箱，再经水冷壁加热生成饱和蒸汽重新进入汽包，汽包里的饱和蒸汽被依次引入屏式过热器、低温过热器和高温过热器后，送入汽轮机高压缸，高压缸的排汽又送入锅炉再热器加热，然后送入汽轮机中压缸。

下面以 HG670/140—1 型锅炉热力计算数据为例（见表 3-8），分析锅炉各受热面传热过程的主要特点。

① 由于布置的位置不同，换热方式各不相同。水冷壁、屏式过热器主要以辐射换热为主；高、低温过热器和再热器，辐射和对流都有明显作用；而省煤器和空气预热器，因烟气温度较低，流速较高，则以对流为主。

② 各换热器热负荷的数值相差较大，炉膛的热负荷最高，一般在 10^4 W/m² 的数量级，空气预热器的最小，一般为 1 200～2 300 W/m²。为了保证受热面

表 3 - 8　HG670/140—1 型锅炉热力计算主要数据

项目	单位	烟道各受热面名称											
		炉膛	前屏	后屏	高温过热器	低温过热器	高温再热器热段	低温再热器冷段	低温再热器	高温省煤器	高温空气预热器	低温省煤器	低温空气预热器
传热面积	m^2	2 243	830	1 940	1 400	1 270	2 120	2 120	3 080	1 700	19 100	2 980	43 100
传热系数	W/($m^2 \cdot K$)			44.6	54.12	54	49.35	49.93	69.83	71.93	20.6	83.33	20.76
平均温差	℃			497	257	276	177	157	161	171	64.3	60.5	54.6
吸热量	kW/kg		1 152	1 030	863	938	431	385	812	490	603	360	1 147

的安全，布置在炉膛内的辐射式、半辐射式受热面，均采用较高的质量流速。

③ 各换热器采用不同流动形式。空气预热器、省煤器为了提高冷空气、给水的温度，总流布置成逆流。低温过热器与再热器为了减少换热器体积，节省金属材料，也采用逆流布置。但超高压锅炉高温过热器采用的是低温段逆流、高温段顺流的综合布置，这主要是因为高温段布置在烟气温度较高的地方，从安全运行的角度出发，蒸汽出口处的管壁温度不能超出材料的承受能力，采用顺流，可避开冷热流体的最高温度集中在换热器的同一端。

④ 各换热器平均温差都较大。水冷壁内工质平均温度约 343 ℃，火焰平均温度超过 1 200 ℃，温差较大，平均温差较小的省煤器也超过 150 ℃。为了受热面安全，大型机组燃烧器附近的水冷壁常采用内螺纹管。

⑤ 各换热器传热系数都不大。从表 3 - 8 中可以看出，传热系数最低的是空气预热器，K 值约 20 W/($m^2 \cdot K$)，最高的是低温省煤器，K 值不超过 85 W/($m^2 \cdot K$)，其余受热面的传热系数介于这两者之间。造成传热系数低的原因是传热热阻大。空气预热器的两侧，换热系数都很小 [烟气侧为 41.87 W/($m^2 \cdot K$)，空气侧为 71.52 W/($m^2 \cdot K$)]，即两侧换热热阻都较大。其他换热器，虽然工质侧的换热系数都较大，如过热器、再热器内蒸汽侧的换热系数达 10^3 数量级，省煤器和水冷壁内水侧的换热系数更高，达 $10^3 \sim 10^4$ W/($m^2 \cdot K$) 数量级，但烟气侧的换热系数却比工质侧的要小得多，一般最大不超过 100 W/($m^2 \cdot K$)，即烟气侧换热热阻远大于工质侧换热热阻，为传热的主要热阻所在。另外，受热面积、结垢也使传热总热阻增加，对传热造成不

利影响。因此，增加烟气流速，采取措施清除灰垢是减少烟气侧热阻与灰垢热阻、减小传热热阻、增强传热的主要途径。

（二）汽轮机主要辅助设备的传热分析

汽轮机主要辅助设备包括凝汽器、加热器、冷油器等。

在凝汽器中，汽轮机的排汽在水平管外凝结成水，将热量通过管壁传递给管内的冷却水。

高、低压加热器是利用汽轮机的抽汽加热给水或凝结水的热交换器。就传热而言，实质上也是一种凝汽器。抽汽在加热器中放热凝结，其热量通过管壁传递给管内流动的给水或凝结水。

冷油器则利用水来冷却油。冷却水在管内流动，热油在管外多次折流，热油与冷却水通过管壁进行热量交换。

这些辅助设备的传热特点可归纳为：

① 辐射作用可以不计。由于换热器中流体和壁面温度都较低，且对流换热强度大，所以辐射作用极小，可忽略。

② 传热系数大。凝汽器和加热器的传热系数一般在 $2\,500 \sim 10\,000$ W/（m² · K），这是由于管内水是强迫流动换热，管外蒸汽是有相变的对流换热（凝结换热），两者换热系数都较大，因此使得总热阻小，传热系数大。冷油器的传热系数稍低，但也可达到 $250 \sim 350$ W/（m² · K）。

③ 平均温差小。一般凝汽器、加热器平均温差在 10 ℃左右，冷油器中稍高，在 10 ℃ ~ 20 ℃。

思　考　题

1. 何谓傅里叶定律？写出其数学表达式，并写出一维稳定温度场中的傅里叶公式。

2. 为什么多层平壁中温度分布曲线不是一条连续的直线而是一条折线？

3. 冬天用手分别触摸同一环境中的木块和铁块，感到铁块很凉，是否因为铁块温度比木块低？为什么？

4. 按照导热能力的大小，怎样排列下述物质才是正确的？

　　　　木材、红砖、空气、水、铁、棉花

5. 为什么不少保温材料采用多孔结构？多孔性保温材料在工程中使用时

应注意什么问题？为什么？

6. 影响对流换热的因素主要有哪些？

7. 研究稳态无相变对流换热时常用哪些准则？各有何物理意义？

8. 为什么膜状凝结时，同一管子横放比竖放时的换热系数较大？

9. 与导热和对流换热相比，热辐射过程有何特点？

10. 如何增强与削弱辐射换热？

11. 气体热辐射有什么特点？

12. 增强传热的目的是什么？采用哪些方法能使传热增强？

13. 平壁传热系数、对流换热系数以及复合换热系数之间有何区别？

14. 在传热面上加装肋片有何作用？它应该装在传热壁的哪一侧？

15. 试对省煤器和水冷壁的传热过程进行比较分析，并说明增强传热的主要措施。

16. 热水在两根相同的管内以相同流速流动，管外分别采用空气和水进行冷却。经过一段时间后，两管内产生相同厚度的水垢。试问水垢的产生对采用空冷还是水冷的管道的传热系数影响较大？为什么？

17. 表面式换热器内冷、热流体采用顺流和逆流布置各有什么优缺点？

18. 某人设计了一台用高温烟气来加热冷水的换热器，但设备投入运行一段时间后，能力下降，试分析其原因何在？为使其能达到设计任务要求，在设计及运行中应采取一些什么措施？

习　　题

1. 高 5 m，宽 3 m，厚 0.25 m 的砖墙（$\lambda = 0.7$ W/(m·K)），墙的内表面温度为 15 ℃，外表面温度为 −5 ℃。求每小时通过砖墙的散热量。

2. 一外径为 50 mm 的钢管，外敷一层 8 mm 厚、热导率为 0.25 W/(m·K)的石棉保温层，外面又敷一层 20 mm 厚、热导率为 0.045 W/(m·K) 的玻璃棉，钢管外侧壁温为 300 ℃，玻璃棉外侧表面温度为 40 ℃，试求石棉保温层和玻璃棉层间的温度。

3. 炉墙内层为 460 mm 厚的硅砖（$\lambda_1 = 1.849$ W/(m·K)），外层为 230 mm 厚的轻质黏土砖（$\lambda_2 = 0.456$ W/(m·K)）。内表面 $t_{w1} = 1\,600$ ℃，外表面 $t_{w3} = 150$ ℃。求热流密度 q 和两层砖交界面的温度 t_{w2}。

4. 混凝土顶层面积为 20 m^2，厚为 140 mm，外表面温度 t_{w2} = -15 ℃，混凝土的 λ = 1.28 W/(m·K)。若通过层顶的散热量为 5.12×10^2 W。试计算屋顶内表面温度 t_{w1} 为多少？

5. 有一外径 d = 400 mm、长 L = 4 m 的横管，外壁温度 t_w = 50 ℃，周围空气温度 t_f = 30 ℃，空气自然对流换热系数 α = 3.63 W/(m·K)。求横管的散热损失。

6. 1.013×10^5 Pa 下的空气在内径为 76 mm 的直管内流动，入口温度为 65 ℃，入口体积流量为 0.022 m^3/s，管壁的平均温度为 180 ℃。问管子要多长才能使空气加热到 115 ℃？

7. 一热水管道竖直地穿过室温为 20 ℃ 的房间。保温层外径为 20 cm，平均壁温为 70 ℃，高 3 m。试计算由于自然对流而引起的散热量。

8. 某物体的黑度 ε = 0.8，求当 t = 800 ℃ 时的辐射力？

9. 有一空气夹层，热表面 t_1 = 300 ℃，冷表面 t_2 = 50 ℃，两表面的黑度 $\varepsilon_1 = \varepsilon_2$ = 0.85。求此夹层单位表面积的辐射换热量（按平行平板计算）。

10. 一根直径 d = 50 mm、长 L = 8 m 的钢管，被置于横断面为 0.2 m × 0.2 m 的砖槽内。若钢管表面温度 t_1 = 250 ℃，黑度 ε_1 = 0.79；砖槽壁温 t_2 = 27 ℃，黑度 ε_2 = 0.93。试计算钢管的辐射热损失。

11. 房内有一长 10 m 的蒸汽管道，外径 d = 300 mm，表面黑度 ε_1 = 0.92，表面温度 t_1 = 75 ℃，房内空气温度 t_2 = 27 ℃。求蒸汽管道的辐射散热损失。

12. 炉墙内层为耐火砖 [δ_1 = 0.23 m、λ_1 = 1.2 W/(m·K)]，中间层为石棉 [δ_2 = 0.05 m、λ_2 = 0.095 W/(m·K)]，外层为红砖 [δ_3 = 0.24 m、λ_3 = 0.6 W/(m·K)]。炉墙内侧为烟气 [t_{f1} = 511 ℃，α_1 = 35 W/(m·K)]；炉墙外侧为空气 [t_{f2} = 22 ℃，α_2 = 15 W/(m·K)]。求通过炉墙的热损失 q 和炉墙外表面温度 t_{w4}。

13. 有一 δ = 8 mm、λ = 5 W/(m·K) 的钢板，一面流着 t_{f1} = 120 ℃、α_1 = 2 300 W/(m·K) 的热水，另一面流着 t_{f2} = 60 ℃、α_2 = 1 450 W/(m·K) 的水，试求传热量？如果钢板两侧各产生了厚为 1 mm、热导率为 0.6 W/(m·K) 的水垢，则传热量又为多少？

附　　录

附表 1　常用气体的平均定压质量热容 $c_p|_0^t$　　　kJ/(kg·K)

温度/℃ \ 气体	O₂	N₂	CO	CO₂	水蒸气	SO₂	空气
0	0.915	1.039	1.040	0815	1.859	0.607	1.004
100	0.923	1.040	1.042	0.866	1.873	0.636	1.006
200	0.935	1.043	1.046	0.910	1.894	0.662	1.012
300	0.950	1.049	1.054	0.949	1.919	0.687	1.019
400	0.965	1.057	1.063	0.983	1.948	0.708	1.028
500	0.979	1.066	1.075	1.013	1.978	0.724	1.039
600	0.993	1.076	1.086	1.040	2.009	0.737	1.050
700	1.005	1.087	1.098	1.064	2.042	0.754	1.061
800	1.016	1.097	1.109	1.085	2.075	0.762	1.071
900	1.026	1.108	1.120	1.104	2.110	0.775	1.081
1 000	1.035	1.118	1.130	1.122	2.144	0.783	1.091
1 100	1.043	1.127	1.140	1.138	2.177	0.791	1.100
1 200	1.051	1.136	1.149	1.153	2.211	0.795	1.108
1 300	1.058	1.145	1.158	1.166	2.243	—	1.117
1 400	1.065	1.153	1.166	1.178	2.274	—	1.124
1 500	1.071	1.160	1.173	1.189	2.305	—	1.131
1 600	1.077	1.167	1.180	1.200	2.335	—	1.138
1 700	1.083	1.174	1.187	1.209	2.363	—	1.144
1 800	1.089	1.180	1.192	1.218	2.391	—	1.150
1 900	1.094	1.186	1.198	1.226	2.417	—	1.156
2 000	1.099	1.191	1.203	1.233	2.442	—	1.161
2 100	1.104	1.197	1.208	1.241	2.466	—	1.166
2 200	1.109	1.201	1.213	1.247	2.489	—	1.171
2 300	1.114	1.206	1.218	1.253	2.512	—	1.176
2 400	1.118	1.210	1.222	1.259	2.533	—	1.180
2 500	1.123	1.214	1.226	1.264	2.554	—	1.184
2 600	1.127	—	—	—	2.574	—	—
2 700	1.131	—	—	—	2.594	—	—
2 800	—	—	—	—	2.612	—	—
2 900	—	—	—	—	2.630	—	—
3 000	—	—	—	—	—	—	—

附表 2　常用气体的平均定容质量热容 $c_V\big|_0^t$　　kJ/(kg·K)

气体 温度/℃	O_2	N_2	CO	CO_2	水蒸气	SO_2	空气
0	0.915	1.039	1.040	0.815	1.859	0.607	1.004
100	0.923	1.040	1.042	0.866	1.873	0.636	1.006
200	0.935	1.043	1.046	0.910	1.894	0.662	1.012
300	0.950	1.049	1.054	0.949	1.919	0.687	1.019
400	0.965	1.057	1.063	0.983	1.948	0.708	1.028
500	0.979	1.066	1.075	1.013	1.978	0.724	1.039
600	0.993	1.076	1.086	1.040	2.009	0.737	1.050
700	1.005	1.087	1.098	1.064	2.042	0.754	1.061
800	1.016	1.097	1.109	1.085	2.075	0.762	1.071
900	1.026	1.108	1.120	1.104	2.110	0.775	1.081
1 000	1.035	1.118	1.130	1.122	2.144	0.783	1.091
1 100	1.043	1.127	1.140	1.138	2.177	0.791	1.100
1 200	1.051	1.136	1.149	1.153	2.211	0.795	1.108
1 300	1.058	1.145	1.158	1.166	2.243	—	1.117
1 400	1.065	1.153	1.166	1.178	2.274	—	1.124
1 500	1.071	1.160	1.173	1.189	2.305	—	1.131
1 600	1.077	1.167	1.180	1.200	2.335	—	1.138
1 700	1.083	1.174	1.187	1.209	2.363	—	1.144
1 800	1.089	1.180	1.192	1.218	2.391	—	1.150
1 900	1.094	1.186	1.198	1.226	2.417	—	1.156
2 000	1.099	1.191	1.203	1.233	2.442	—	1.161
2 100	1.104	1.197	1.208	1.241	2.466	—	1.166
2 200	1.109	1.201	1.213	1.247	2.489	—	1.171
2 300	1.114	1.206	1.218	1.253	2.512	—	1.176
2 400	1.118	1.210	1.222	1.259	2.533	—	1.180
2 500	1.123	1.214	1.226	1.264	2.554	—	1.184
2 600	1.127	—	—	—	2.574	—	—
2 700	1.131	—	—	—	2.594	—	—
2 800	—	—	—	—	2.612	—	—
2 900	—	—	—	—	2.630	—	—
3 000	—	—	—	—	—	—	—

附表 3 常用气体的平均定压容积热容 $c_p' \mid_0^t$ kJ/(标 m³·K)

气体 温度/℃	O_2	N_2	CO	CO_2	水蒸气	SO_2	空气
0	0.655	0.742	0.743	0.626	1.398	0.477	0.716
100	0.663	0.744	0.745	0.677	1.411	0.507	0.719
200	0.675	0.747	0.749	0.721	1.432	0.532	0.724
300	0.690	0.752	0.757	0.760	1.457	0.557	0.732
400	0.705	0.760	0.767	0.794	1.486	0.578	0.741
500	0.719	0.769	0.777	0.824	1.516	0.595	0.752
600	0.733	0.779	0.789	0.851	1.547	0.607	0.762
700	0.745	0.790	0.801	0.875	1.581	0.621	0.773
800	0.756	0.801	0.812	0.896	1.614	0.632	0.784
900	0.766	0.811	0.823	0.916	1.618	0.645	0.794
1 000	0.775	0.821	0.834	0.933	1.682	0.653	0.804
1 100	0.783	0.830	0.843	0.950	1.716	0.662	0.813
1 200	0.791	0.839	0.857	0.964	1.749	0.666	0.821
1 300	0.798	0.848	0.861	0.977	1.781	—	0.829
1 400	0.805	0.856	0.869	0.989	1.813	—	0.837
1 500	0.811	0.863	0.876	1.001	1.843	—	0.844
1 600	0.817	0.870	0.883	1.011	1.874	—	0.851
1 700	0.823	0.877	0.889	1.020	1.902	—	0.857
1 800	0.829	0.883	0.896	1.029	1.929	—	0.863
1 900	0.834	0.889	0.901	1.037	1.955	—	0.869
2 000	0.839	0.894	0.906	1.045	1.980	—	0.874
2 100	0.844	0.900	0.911	1.052	2.005	—	0.879
2 200	0.849	0.905	0.916	1.058	2.028	—	0.884
2 300	0.854	0.909	0.921	1.064	2.050	—	0.889
2 400	0.858	0.914	0.925	1.070	2.072	—	0.893
2 500	0.863	0.918	0.929	1.075	2.093	—	0.897
2 600	0.868	—	—	—	2.113	—	—
2 700	0.872	—	—	—	2.132	—	—
2 800	—	—	—	—	2.151	—	—
2 900	—	—	—	—	2.168	—	—
3 000	—	—	—	—		—	—

附表 4　常用气体的平均定容容积热容 $c_V' \mid_0^t$　　kJ/（标 m³·K）

气体 温度/℃	O_2	N_2	CO	CO_2	水蒸气	SO_2	空气
0	0.935	0.928	0.928	1.229	1.124	1.361	0.926
100	0.947	0.929	0.931	1.329	1.134	1.440	0.929
200	0.964	0.933	0.936	1.416	1.151	1.516	0.936
300	0.985	0.940	0.946	1.492	1.171	1.597	0.946
400	1.007	0.950	0.958	1.559	1.194	1.645	0.958
500	1.027	0.961	0.972	1.618	1.219	1.700	0.972
600	1.046	0.974	0.986	1.670	1.241	1.742	0.986
700	1.063	0.988	1.001	1.717	1.270	1.779	1.000
800	1.079	1.001	1.015	1.760	1.297	1.813	1.013
900	1.094	1.014	1.029	1.798	1.325	1.842	1.026
1 000	1.107	1.026	1.042	1.833	1.352	1.867	1.039
1 100	1.118	1.038	1.054	1.864	1.379	1.888	1.050
1 200	1.130	1.049	1.065	1.893	1.406	1.905	1.062
1 300	1.140	1.060	1.076	1.919	1.432	—	1.072
1 400	1.149	1.070	1.086	1.943	1.457	—	1.082
1 500	1.158	1.079	1.095	1.964	1.482	—	1.091
1 600	1.167	1.088	1.104	1.985	1.505	—	1.100
1 700	1.175	1.096	1.112	2.003	1.529	—	1.108
1 800	1.183	1.104	1.119	2.021	1.550	—	1.116
1 900	1.191	1.111	1.126	2.036	1.571	—	1.123
2 000	1.198	1.118	1.133	2.051	1.592	—	1.130
2 100	1.205	1.125	1.139	2.065	1.611	—	1.136
2 200	1.212	1.130	1.145	2.077	1.630	—	1.143
2 300	1.219	1.136	1.151	2.089	1.648	—	1.148
2 400	1.225	1.142	1.156	2.100	1.666	—	1.154
2 500	1.232	1.147	1.161	2.110	1.682	—	1.159
2 600	1.233	—	—	—	1.698	—	—
2 700	1.244	—	—	—	1.714	—	—
2 800	—	—	—	—	1.729	—	—
2 900	—	—	—	—	1.743	—	—
3 000	—	—	—	—	—	—	—

附表5 饱和水与干饱和蒸汽的热力性质表（按温度排列）

温度	压力	比体积		焓		汽化潜热	熵	
		液体	蒸汽	液体	蒸汽		液体	蒸汽
$t/℃$	p/MPa	$v'/(\text{m}^3 \cdot \text{kg}^{-1})$	$v''/(\text{m}^3 \cdot \text{kg}^{-1})$	$h'/(\text{kJ} \cdot \text{kg}^{-1})$	$h''/(\text{kJ} \cdot \text{kg}^{-1})$	$r/(\text{kJ} \cdot \text{kg}^{-1})$	$s'/(\text{kJ} \cdot \text{kg}^{-1} \cdot \text{K}^{-1})$	$s''/(\text{kJ} \cdot \text{kg}^{-1} \cdot \text{K}^{-1})$
0.00	0.000 611 2	0.001 000 22	206.154	−0.05	2 500.51	2 500.6	−0.000 2	9.154 4
0.01	0.000 611 7	0.001 000 21	206.012	0.00	2 500.53	2 500.5	0.000 0	9.154 1
1	0.000 657 1	0.001 000 18	192.464	4.18	2 502.35	2 498.2	0.015 3	9.127 8
2	0.000 705 9	0.001 000 13	179.787	8.39	2 504.19	2 495.8	0.030 6	9.101 4
4	0.000 813 5	0.001 000 08	157.151	16.82	2 507.87	2 491.1	0.061 1	9.049 3
5	0.000 872 5	0.001 000 08	147.048	21.02	2 509.71	2 488.7	0.076 3	9.023 6
6	0.000 935 2	0.001 000 10	137.670	25.22	2 511.55	2 486.3	0.091 3	8.998 2
8	0.001 072 8	0.001 000 19	120.868	33.62	2 515.23	2 481.6	0.121 3	8.948 0
10	0.001 227 9	0.001 000 34	106.341	42.00	2 518.90	2 476.9	0.151 0	8.898 8
12	0.001 402 5	0.001 000 54	93.756	50.38	2 522.57	2 472.2	0.180 5	8.850 4
14	0.001 598 5	0.001 000 80	82.828	58.76	2 526.24	2 467.5	0.209 8	8.802 9
15	0.001 705 3	0.001 000 94	77.910	62.95	2 528.07	2 465.1	0.224 3	8.779 4
16	0.001 818 3	0.001 001 10	73.320	67.13	2 529.90	2 462.8	0.238 8	8.756 2
18	0.002 064 0	0.001 001 45	65.029	75.50	2 533.55	2 458.1	0.267 7	8.710 3
20	0.002 338 5	0.001 001 85	57.786	83.86	2 537.20	2 458.3	0.296 3	8.665 2
22	0.002 644 4	0.001 002 29	51.445	92.23	2 540.84	2 448.6	0.324 7	8.621 0
24	0.002 984 6	0.001 002 76	45.884	100.59	2 544.47	2 443.9	0.353 0	8.577 4
25	0.003 168 7	0.001 003 02	43.362	104.77	2 546.29	2 441.5	0.367 0	8.556 0
26	0.003 362 5	0.001 003 28	40.997	108.95	2 548.10	2 439.2	0.381 0	8.534 7
28	0.003 781 4	0.001 003 83	36.694	117.32	2 551.73	2 434.4	0.408 9	8.492 7
30	0.004 245 1	0.001 004 42	32.899	125.68	2 555.35	2 429.7	0.436 6	8.451 4
35	0.005 626 3	0.001 006 05	25.222	146.59	2 564.38	2 417.8	0.505 0	8.351 1
40	0.007 381 1	0.001 007 89	19.529	167.50	2 573.36	2 405.9	0.572 3	8.255 1
45	0.009 589 7	0.001 009 93	15.263 6	188.42	2 582.30	2 393.9	0.638 6	8.163 0
50	0.012 344 6	0.001 012 16	12.036 5	209.33	2 591.19	2 381.9	0.703 8	8.074 5
55	0.015 752	0.001 014 55	9.572 3	230.24	2 600.02	2 369.8	0.768 0	7.989 6
60	0.019 933	0.001 017 13	7.674 0	251.15	2 608.79	2 357.6	0.831 2	7.908 0
65	0.025 024	0.001 019 86	6.199 2	272.08	2 617.48	2 345.4	0.893 5	7.829 5
70	0.031 178	0.001 022 76	5.044 3	293.01	2 626.10	2 333.1	0.955 0	7.754 0
75	0.038 565	0.001 025 82	4.133 0	313.96	2 634.63	2 320.7	1.015 6	7.681 2
80	0.047 376	0.001 029 03	3.408 6	334.93	2 643.06	2 308.1	1.075 3	7.611 2
85	0.057 818	0.001 032 40	2.828 8	355.92	2 651.40	2 295.5	1.134 3	7.543 6

续表

温度	压力	比体积		焓		汽化潜热	熵	
		液体	蒸汽	液体	蒸汽		液体	蒸汽
$t/℃$	p/MPa	$v'/(\text{m}^3 \cdot \text{kg}^{-1})$	$v''/(\text{m}^3 \cdot \text{kg}^{-1})$	$h'/(\text{kJ} \cdot \text{kg}^{-1})$	$h''/(\text{kJ} \cdot \text{kg}^{-1})$	$r/(\text{kJ} \cdot \text{kg}^{-1})$	$s'/(\text{kJ} \cdot \text{kg}^{-1} \cdot \text{K}^{-1})$	$s''/(\text{kJ} \cdot \text{kg}^{-1} \cdot \text{K}^{-1})$
90	0. 070 121	0. 001 035 93	2. 361 6	376. 94	2 659. 63	2 282. 7	1. 192 6	7. 478 3
95	0. 084 533	0. 001 039 61	1. 982 7	397. 98	2 667. 73	2 269. 7	1. 250 1	7. 415 4
100	0. 101 325	0. 001 043 44	1. 673 6	419. 06	2 675. 71	2 256. 6	1. 306 9	7. 354 5
110	0. 143 243	0. 001 051 56	1. 210 6	461. 33	2 691. 26	2 229. 9	1. 418 6	7. 238 6
120	0. 198 483	0. 001 060 31	0. 892 19	503. 76	2 706. 18	2 202. 4	1. 527 7	7. 129 7
130	0. 270 018	0. 001 069 68	0. 668 73	546. 38	2 720. 39	2174. 0	1. 634 6	7. 027 2
140	0. 361 190	0. 001 079 72	0. 509 00	589. 21	2 733. 81	2 144. 6	1. 739 3	6. 930 2
150	0. 475 71	0. 001 090 46	0. 392 86	632. 28	2 746. 35	2 114. 1	1. 842 0	6. 838 1
160	0. 617 66	0. 001 101 93	0. 307 09	657. 62	2 757. 92	2 082. 3	1. 942 9	6. 750 2
170	0. 791 47	0. 001 114 20	0. 242 83	719. 25	2 768. 42	2 049. 2	2. 042 0	6. 666 1
180	1. 001 93	0. 001 127 32	0. 194 03	763. 22	2 777. 74	2 014. 5	2. 139 6	6. 585 2
190	1. 254 17	0. 001 141 36	0. 156 50	807. 56	2 785. 80	1 978. 2	2. 235 8	6. 507 1
200	1. 553 66	0. 001 156 41	0. 127 32	852. 34	2 792. 47	1 940. 1	2. 330 7	6. 431 2
210	1. 906 17	0. 001 172 58	0. 104 38	897. 62	2 797. 65	1 900. 0	2. 424 5	6. 357 1
220	2. 317 83	0. 001 190 00	0. 086 157	943. 46	2 801. 20	1 857. 7	2. 517 5	6. 284 6
230	2. 795 05	0. 001 208 82	0. 071 553	989. 95	2 803. 00	1 813. 0	2. 609 6	6. 213 0
240	3. 344 59	0. 001 229 22	0. 059 743	1 037. 2	2 802. 88	1 765. 7	2. 701 3	6. 142 2
250	3. 973 51	0. 001 251 45	0. 050 112	1 085. 3	2 800. 66	1 715. 4	2. 792 6	6. 071 6
260	4. 689 23	0. 001 275 79	0. 042 195	1 134. 3	2 796. 14	1 661. 8	2. 883 7	6. 000 7
270	5. 499 56	0. 001 302 62	0. 035 637	1 184. 5	2 789. 05	1 604. 5	2. 975 1	5. 929 2
280	6. 412 73	0. 001 332 42	0. 030 165	1 236. 0	2 779. 08	1 543. 1	3. 066 8	5. 856 4
290	7. 437 46	0. 001 365 82	0. 025 565	1 289. 1	2 765. 81	1 476. 7	3. 159 4	5. 781 7
300	8. 583 08	0. 001 403 69	0. 021 669	1 344. 0	2 748. 71	1 404. 7	3. 253 3	5. 704 2
310	9. 859 7	0. 001 447 28	0. 018 343	1 401. 2	2 727. 01	1 325. 9	3. 349 0	5. 622 6
320	11. 278	0. 001 498 44	0. 015 479	1 461. 2	2 699. 72	1 238. 5	3. 447 5	5. 535 6
330	12. 851	0. 001 560 08	0. 012 987	1 524. 9	2 665. 30	1 140. 4	3. 550 0	5. 440 8
340	14. 593	0. 001 637 28	0. 010 790	1 593. 7	2 621. 32	1 027. 6	3. 658 6	5. 334 5
350	16. 521	0. 001 740 08	0. 008 812	1 670. 3	2 563. 39	893. 0	3. 777 3	5. 210 4
360	18. 657	0. 001 894 23	0. 006 958	1 761. 1	2 481. 68	720. 6	3. 915 5	5. 053 6
370	21. 033	0. 002 214 80	0. 004 982	1 891. 7	2 338. 79	477. 1	4. 112 5	4. 807 6
372	21. 542	0. 002 365 0	0. 004 451	1 936. 1	2 282. 99	346. 9	4. 179 6	4. 717 3
373. 99	20. 064	0. 003 106	0. 003 106	2 085. 9	2 085. 87	0. 0	4. 409 2	4. 409 2

附表6　饱和水与干饱和蒸汽的热力性质表（按压力排列）

压力	温度	比体积		焓		汽化潜热	熵	
		液体	蒸汽	液体	蒸汽		液体	蒸汽
p/MPa	$t/℃$	$v'/(\text{m}^3 \cdot \text{kg}^{-1})$	$v''/(\text{m}^3 \cdot \text{kg}^{-1})$	$h'/(\text{kJ} \cdot \text{kg}^{-1})$	$h''/(\text{kJ} \cdot \text{kg}^{-1})$	$r/(\text{kJ} \cdot \text{kg}^{-1})$	$s'/(\text{kJ} \cdot \text{kg}^{-1} \cdot \text{K}^{-1})$	$s''/(\text{kJ} \cdot \text{kg}^{-1} \cdot \text{K}^{-1})$
0.001	6.949 1	0.001 000 1	129.185	29.21	2 513.29	2 484.1	0.105 6	8.973 5
0.002	17.540 3	0.001 001 4	67.008	73.58	2 532.71	2 459.1	0.261 1	8.722 0
0.003	24.114 2	0.001 002 8	45.666	101.07	2 544.68	2 443.6	0.354 6	8.575 8
0.004	28.953 3	0.001 004 1	34.796	121.300	2 553.45	2 432.2	0.422 1	8.472 5
0.005	32.879 3	0.001 005 3	28.191	137.72	2 560.55	2 422.8	0.476 1	8.393 0
0.006	36.166 3	0.001 006 5	23.738	151.47	2 566.48	2 415.0	0.520 8	8.328 3
0.007	38.996 7	0.001 007 5	20.528	163.31	2 571.56	2 408.3	0.558 9	8.273 7
0.008	41.507 5	0.001 008 5	18.102	173.81	2 576.06	2 402.3	0.592 4	8.226 6
0.009	43.790 1	0.001 009 4	16.204	183.36	2 580.15	2 396.8	0.622 6	8.185 4
0.010	45.798 8	0.001 010 3	14.673	191.76	2 583.72	2 392.0	0.649 0	8.148 1
0.015	53.970 5	0.001 014 0	10.022	225.93	2 598.21	2 372.3	0.754 8	8.006 5
0.020	60.065 0	0.001 017 2	7.649 7	251.43	2 608.90	2 357.5	0.832 0	7.906 8
0.025	64.972 6	0.001 019 8	6.204 7	271.96	2 617.43	2 345.5	0.893 2	7.829 8
0.030	69.104 1	0.001 022 2	5.229 6	289.26	2 624.56	2 335.3	0.944 0	7.767 1
0.040	75.872 0	0.001 026 4	3.993 9	317.61	2 636.10	2 318.5	1.026 0	7.668 8
0.050	81.338 8	0.001 029 9	3.240 9	340.55	2 645.31	2 304.8	1.091 2	7.592 8
0.060	85.949 6	0.001 033 1	2.732 4	359.91	2 652.97	2 293.1	1.145 4	7.531 0
0.070	89.955 6	0.001 035 9	2.365 4	376.75	2 659.55	2 282.8	1.192 1	7.478 9
0.080	93.510 7	0.001 038 5	2.087 6	391.71	2 665.33	2 273.6	1.233 0	7.433 9
0.090	96.712 1	0.001 040 9	1.869 8	405.20	2 670.48	2 265.3	1.269 6	7.394 3
0.100	99.634	0.001 043 2	1.694 3	417.52	2 675.14	2 257.6	1.302 8	7.358 9
0.120	104.810	0.001 047 3	1.428 7	439.37	2 683.26	2 243.9	1.360 9	7.297 8
0.140	109.318	0.001 051 0	1.236 8	458.44	2 690.22	2 231.8	1.411 0	7.246 2
0.150	111.378	0.001 052 7	1.159 53	467.17	2 693.35	2 226.2	1.433 8	7.223 2
0.160	113.326	0.001 054 4	1.091 59	475.42	2 696.29	2 220.9	1.455 2	7.201 6
0.180	116.941	0.001 057 6	0.977 67	490.76	2 701.69	2 210.9	1.494 6	7.162 3
0.200	120.240	0.001 060 5	0.885 85	504.78	2 706.53	2 201.7	1.530 3	7.127 2
0.250	127.444	0.001 067 2	0.718 79	535.47	2 716.83	2 181.4	1.607 5	7.052 8
0.300	133.556	0.001 073 2	0.605 87	561.58	2 725.26	2 163.7	1.672 1	6.992 1
0.350	138.891	0.001 078 6	0.524 27	584.45	2 732.37	2 147.9	1.727 8	6.940 7
0.400	143.642	0.001 083 5	0.462 46	604.87	2 738.49	2 133.6	1.776 9	6.896 1
0.450	147.939	0.001 088 2	0.413 96	623.38	2 743.85	2 120.5	1.821 0	6.856 7

压力	温度	比体积		焓		汽化潜热	熵	
		液体	蒸汽	液体	蒸汽		液体	蒸汽
p/MPa	t/℃	v'/(m³·kg⁻¹)	v''/(m³·kg⁻¹)	h'/(kJ·kg⁻¹)	h''/(kJ·kg⁻¹)	r/(kJ·kg⁻¹)	s'/(kJ·kg⁻¹·K⁻¹)	s''/(kJ·kg⁻¹·K⁻¹)
0.500	151.867	0.001 092 5	0.374 86	640.35	2 748.59	2 108.2	1.861 0	6.821 4
0.600	158.863	0.001 100 6	0.315 63	670.67	2 756.66	2 086.0	1.931 5	6.760 0
0.700	164.983	0.001 107 9	0.272 81	697.32	2 763.29	2 066.0	1.992 5	6.707 9
0.800	170.444	0.001 114 8	0.240 37	721.20	2 768.86	2 047.7	2.046 4	6.662 5
0.900	175.389	0.001 121 2	0.214 91	742.90	2 773.59	2 030.7	2.094 8	6.622 2
1.00	179.916	0.001 127 2	0.194 38	762.84	2 777.67	2 014.8	2.138 8	6.585 9
1.10	184.100	0.001 133 0	0.177 47	781.35	2 781.21	1 999.9	2.179 2	6.552 9
1.20	187.995	0.001 138 5	0.163 28	798.64	2 784.29	1 985.7	2.216 6	6.522 5
1.30	191.644	0.001 143 8	0.151 20	814.89	2 786.99	1 972.1	2.251 5	6.494 4
1.40	195.078	0.001 148 9	0.140 79	830.24	2 789.37	1 959.1	2.284 1	6.468 3
1.50	198.327	0.001 153 8	0.131 72	844.82	2 791.46	1 946.6	2.314 9	6.443 7
1.60	210.410	0.001 158 6	0.123 75	858.69	2 793.29	1 934.6	2.344 0	6.420 6
1.70	204.346	0.001 163 3	0.116 68	871.96	2 794.91	1 923.0	2.371 6	6.398 8
1.80	207.151	0.001 167 9	0.110 37	884.67	2 796.33	1 911.7	2.397 9	6.378 1
2.00	212.417	0.001 176 7	0.099 588	908.64	2 798.66	1 890.0	2.447 1	6.339 5
2.50	223.990	0.001 197 3	0.079 949	961.93	2 802.14	1 840.2	2.554 3	6.255 9
3.00	233.893	0.001 216 6	0.066 662	1 008.2	2 803.19	1 794.9	2.645 4	6.185 4
3.50	242.597	0.001 234 8	0.057 054	1 049.6	2 802.51	1 752.9	2.725 0	6.123 8
4.00	250.394	0.001 252 4	0.049 771	1 087.2	2 800.53	1 713.4	2.796 2	6.068 8
4.50	257.477	0.001 269 4	0.044 052	1 121.8	2 797.51	1 675.7	2.860 7	6.018 7
5.00	263.980	0.001 286 2	0.039 439	1 154.2	2 793.64	1 639.5	2.920 1	5.972 4
6.00	275.625	0.001 319 0	0.032 440	1 213.3	2 783.82	1 570.5	3.026 6	5.888 5
7.00	285.869	0.001 351 5	0.027 371	1 266.9	2 771.72	1 504.8	3.121 0	5.812 9
8.00	295.048	0.001 384 3	0.023 520	1 316.5	2 757.70	1 441.2	3.206 6	5.743 0
9.00	303.385	0.001 417 7	0.020 485	1 363.1	2 741.92	1 378.9	3.285 4	5.677 1
10.0	311.037	0.001 452 2	0.018 026	1 407.2	2 724.46	1 317.2	3.359 1	5.613 9
12.0	324.715	0.001 526 0	0.014 263	1 490.7	2 684.50	1 193.8	3.495 2	5.492 0
14.0	336.707	0.001 609 7	0.011 486	1 570.4	2 637.07	1 066.7	3.622 0	5.371 1
16.0	347.396	0.001 709 9	0.009 311	1 649.4	2 580.21	930.8	3.745 1	5.245 0
18.0	357.034	0.001 840 2	0.007 503	1 732.0	2 509.45	777.4	3.871 5	5.105 1
20.0	365.789	0.002 037 9	0.005 870	1 827.2	2 413.05	585.9	4.015 3	4.932 2
22.0	373.752	0.002 704 0	0.003 684	2 013.0	2 084.02	71.0	4.296 9	4.406 6
22.064	373.99	0.003 106	0.003 106	2 085.9	2 085.87	0.0	4.409 2	4.409 2

附表 7 未饱和水与过热蒸汽热力性质表

p	0.001 MPa			0.005 MPa			0.01 MPa		
饱和参数	$t_s = 6.949$ ℃ $v' = 0.001\,000\,1$ $v'' = 129.185$ $h' = 29.21$ $h'' = 2513.3$ $s' = 0.105\,6$ $s'' = 8.973\,5$			$t_s = 32.879$ ℃ $v' = 0.001\,005\,3$ $v'' = 28.191$ $h' = 137.72$ $h'' = 2560.6$ $s' = 0.476\,1$ $s'' = 8.393\,0$			$t_s = 45.799$ ℃ $v' = 0.001\,010\,3$ $v'' = 14.673$ $h' = 191.76$ $h'' = 2583.7$ $s' = 0.649\,0$ $s'' = 8.148\,1$		
t /℃	$v/(\mathrm{m^3 \cdot kg^{-1}})$	$h/(\mathrm{kJ \cdot kg^{-1}})$	$s/(\mathrm{kJ \cdot kg^{-1} \cdot K^{-1}})$	$v/(\mathrm{m^3 \cdot kg^{-1}})$	$h/(\mathrm{kJ \cdot kg^{-1}})$	$s/(\mathrm{kJ \cdot kg^{-1} \cdot K^{-1}})$	$v/(\mathrm{m^3 \cdot kg^{-1}})$	$h/(\mathrm{kJ \cdot kg^{-1}})$	$s/(\mathrm{kJ \cdot kg^{-1} \cdot K^{-1}})$
0	0.001 002	− 0.05	− 0.000 2	0.001 000 2	− 0.05	− 0.000 2	0.001 000 2	− 0.04	− 0.000 2
10	130.598	2 519.0	8.993 8	0.001 000 3	42.01	0.151 0	0.001 000 3	42.01	0.151 0
20	135.226	2 537.7	9.058 8	0.001 001 8	83.87	0.296 3	0.001 001 8	83.87	0.296 3
40	144.475	2 575.2	9.182 3	28.854	2 574.0	8.436 6	0.001 007 9	167.51	0.572 3
50	149.096	2 593.9	9.241 2	29.783	2 592.9	8.496 1	14.869	2 591.8	8.173 2
60	153.717	2 612.7	9.298 4	30.712	2 611.8	8.553 7	15.336	2 610.8	8.231 3
80	162.956	2 650.3	9.408 0	32.566	2 649.7	8.663 9	16.268	2 648.9	8.342 2
100	172.192	2 688.0	9.512 0	34.418	2 687.5	8.768 2	17.196	2 686.9	8.447 1
120	181.426	2 725.9	9.610 9	36.269	2 725.5	8.867 4	18.124	2 725.1	8.546 6
140	190.660	2 764.0	9.705 4	38.118	2 763.7	8.962 0	19.050	2 763.3	8.641 4
150	195.277	2 783.1	9.751 1	39.042	2 782.8	9.007 8	19.513	2 782.5	8.687 3
160	199.893	2 802.3	9.795 9	39.967	2 802.0	9.052 6	19.976	2 801.7	8.732 2
180	209.126	2 840.7	9.882 7	41.815	2 840.5	9.139 6	20.901	2 840.2	8.819 2
200	218.358	2 879.4	9.966 2	43.622	2 879.2	9.223 2	21.826	2 879.0	8.902 9
250	241.437	2 977.1	10.162 5	48.281	2 977.0	9.419 5	24.136	2 976.8	9.099 4
300	264.515	3 076.2	10.343 4	52.898	3 076.1	9.600 5	26.448	3 078.0	9.280 5
350	287.592	3 176.8	10.511 7	57.514	3 176.7	9.768 8	28.755	3 176.6	9.448 8
400	310.669	3 278.9	10.669 2	62.131	3 278.8	9.926 4	31.063	3 278.7	9.606 4
450	333.726	3 382.4	10.817 6	66.747	3 382.4	10.074 7	33.372	3 382.3	9.754 8
500	356.823	3 487.5	10.958 1	71.362	3 487.5	10.215 3	35.680	3 487.4	9.895 3
600	402.976	3 703.4	11.220 6	80.594	3 703.4	10.477 8	40.296	3 703.4	10.157 9

续表

p	0.050 MPa			0.10 MPa			0.20 MPa		
饱和参数	$t_s = 81.339$ ℃ $v' = 0.001\,029\,9$ $v'' = 3.240\,9$ $h' = 340.55$ $h'' = 2\,645.3$ $s' = 1.091\,2$ $s'' = 7.592\,8$			$t_s = 99.634$ ℃ $v' = 0.001\,043\,1$ $v'' = 1.694\,3$ $h' = 417.52$ $h'' = 2\,675.1$ $s' = 1.302\,8$ $s'' = 7.358\,9$			$t_s = 120.240$ ℃ $v' = 0.001\,060\,5$ $v'' = 0.885\,90$ $h' = 504.78$ $h'' = 2\,706.5$ $s' = 1.530\,3$ $s'' = 7.127\,2$		
t /℃	$v/(\text{m}^3 \cdot \text{kg}^{-1})$	$h/(\text{kJ} \cdot \text{kg}^{-1})$	$s/(\text{kJ} \cdot \text{kg}^{-1} \cdot \text{K}^{-1})$	$v/(\text{m}^3 \cdot \text{kg}^{-1})$	$h/(\text{kJ} \cdot \text{kg}^{-1})$	$s/(\text{kJ} \cdot \text{kg}^{-1} \cdot \text{K}^{-1})$	$v/(\text{m}^3 \cdot \text{kg}^{-1})$	$h/(\text{kJ} \cdot \text{kg}^{-1})$	$s/(\text{kJ} \cdot \text{kg}^{-1} \cdot \text{K}^{-1})$
0	0.001 000 2	0.00	−0.000 2	0.001 000 2	0.05	−0.000 2	0.001 000 1	0.15	−0.000 2
10	0.001 000 3	42.05	0.151 0	0.001 000 03	42.10	0.151 0	0.001 000 2	42.20	0.151 0
20	0.001 001 8	83.91	0.296 3	0.001 001 8	83.96	0.296 3	0.001 001 8	84.05	0.296 3
40	0.001 007 9	167.54	0.572 3	0.001 007 8	167.59	0.572 3	0.001 007 8	167.67	0.572 2
50	0.001 012 1	209.36	0.703 7	0.001 012 1	209.40	0.703 7	0.001 012 1	209.49	0.703 7
60	0.001 017 1	251.18	0.831 2	0.001 017 1	251.22	0.831 2	0.001 017 0	251.31	0.831 1
80	0.001 029 0	334.93	1.075 3	0.001 029 0	334.97	1.075 3	0.001 029 0	335.05	1.075 2
100	3.418 8	2 682.1	7.694 1	1.696 1	2 675.9	7.360 9	0.001 043 4	419.14	1.306 8
120	3.607 8	2 721.2	7.796 2	1.793 1	2 716.3	7.466 5	0.001 060 3	503.76	105 277
140	3.795 8	2 760.2	7.892 8	1.888 9	2 756.2	7.565 4	0.935 11	2 748.0	7.230 0
150	3.889 5	2 779.6	7.939 3	1.936 4	2 776.0	7.612 8	0.959 68	2 768.6	7.279 3
160	3.983 0	2 799.1	7.984 8	1.983 8	2 795.8	7.659 0	0.984 07	2 789.0	7.327 1
180	4.169 7	2 838.1	8.072 7	2.078 3	2 835.3	7.748 2	1.032 41	2 829.6	7.418 7
200	4.356 0	2 877.1	8.157 1	2.172 3	2 874.8	7.833 4	1.080 30	2 870.0	7.505 8
250	4.820 5	2 975.5	8.354 7	2.406 1	2 973.8	8.032 4	1.198 78	2 970.4	7.707 6
300	5.284 0	3 075.0	8.536 4	2.638 8	3 037.8	8.214 8	1.136 17	3 071.2	7.891 7
350	5.746 9	3 175.9	8.705 1	2.870 9	3 174.9	3.834 0	1.432 94	3 172.9	8.061 8
400	6.209 4	3 278.1	8.862 9	3.102 7	3 277.3	8.542 2	1.549 32	3 275.8	8.220 5
450	6.671 7	3 381.8	9.011 5	3.334 2	3 381.2	8.690 9	1.665 46	3 379.9	8.369 7
500	7.133 8	3 487.0	9.152 1	3.565 6	3 486.5	8.831 7	1.781 42	3 485.4	8.510 8
600	8.057 7	3 703.1	9.414 8	4.027 9	3 702.7	9.094 6	2.013 01	3 701.9	8.774 0

续表

p	0.50 MPa			0.80 MPa			1.0 MPa		
饱和参数	$t_s = 151.876\ ℃$ $v' = 0.001\ 092\ 5$ $v'' = 0.374\ 90$ $h' = 640.55$ $h'' = 2\ 748.6$ $s' = 1.861\ 0$ $s'' = 6.821\ 4$			$t_s = 170.444\ ℃$ $v' = 0.001\ 114\ 8$ $v'' = 0.240\ 40$ $h' = 721.20$ $h'' = 2\ 768.9$ $s' = 2.046\ 4$ $s'' = 6.662\ 5$			$t_s = 179.961\ ℃$ $v' = 0.001\ 127\ 2$ $v'' = 0.194\ 40$ $h' = 762.84$ $h'' = 2\ 777.7$ $s' = 2.138\ 8$ $s'' = 6.585\ 9$		
t /℃	$v/(\text{m}^3 \cdot \text{kg}^{-1})$	$h/(\text{kJ} \cdot \text{kg}^{-1})$	$s/(\text{kJ} \cdot \text{kg}^{-1} \cdot \text{K}^{-1})$	$v/(\text{m}^3 \cdot \text{kg}^{-1})$	$h/(\text{kJ} \cdot \text{kg}^{-1})$	$s/(\text{kJ} \cdot \text{kg}^{-1} \cdot \text{K}^{-1})$	$v/(\text{m}^3 \cdot \text{kg}^{-1})$	$h/(\text{kJ} \cdot \text{kg}^{-1})$	$s/(\text{kJ} \cdot \text{kg}^{-1} \cdot \text{K}^{-1})$
0	0.001 000 0	0.46	−0.000 1	0.000 999 8	0.77	−0.000 1	0.000 999 7	0.97	−0.000 1
10	0.001 000 1	42.49	0.151 0	0.001 000 0	42.78	0.151 0	0.000 999 9	42.98	0.150 9
20	0.001 001 6	84.33	0.296 2	0.001 001 5	84.61	0.296 1	0.001 001 4	84.80	0.296 1
40	0.001 007 7	167.94	0.572 1	0.001 007 5	168.21	0.572 0	0.001 007 4	168.38	0.571 9
50	0.001 011 9	209.75	0.703 5	0.001 011 8	210.01	0.703 4	0.001 011 7	210.18	0.703 3
60	0.001 016 9	251.56	0.831 0	0.001 016 8	251.81	0.830 8	0.001 016 7	251.98	0.830 7
80	0.001 028 8	335.29	1.075 0	0.001 028 7	335.53	1.074 8	0.001 028 6	335.69	1.074 7
100	0.001 043 2	419.36	1.306 6	0.001 043 1	419.59	1.306 4	0.001 043 0	419.74	1.306 2
120	0.001 060 1	503.97	1.527 5	0.001 060 0	504.18	1.527 2	0.001 059 9	504.32	1.527 0
140	0.001 079 6	589.30	1.739 2	0.001 079 4	589.49	1.738 9	0.001 079 3	589.62	1.938 6
150	0.001 090 4	632.30	1.842 0	0.001 090 2	632.48	1.841 7	0.001 090 1	632.61	1.841 4
160	0.383 58	2 767.2	6.864 7	0.001 101 8	675.72	1.942 7	0.001 101 7	675.84	1.942 4
180	0.404 50	2 811.7	6.965 1	0.247 11	2 792.0	6.714 2	0.194 43	277 7.9	6.586 4
200	0.424 87	2 854.9	7.058 5	0.260 74	2 838.7	6.815 1	0.205 90	2 827.3	6.693 1
250	0.474 32	2 960.0	7.269 7	0.293 10	2 949.2	7.037 1	0.232 64	2 941.8	6.923 3
300	0.522 55	3 063.6	7.458 8	0.324 10	3 055.7	7.231 6	0.257 93	3 050.4	7.121 6
350	0.570 12	3 167.0	7.631 9	0.354 39	3 161.0	7.407 8	0.282 47	3 157.0	7.299 9
400	0.617 29	3 271.1	7.792 4	0.384 26	3 266.3	7.570 3	0.306 58	3 263.1	7.463 8
450	0.664 20	3 376.0	7.942 8	0.413 88	3 372.1	7.721 9	0.330 43	3 369.6	7.616 3
500	0.710 94	3 482.2	8.084 8	0.443 31	3 479.0	7.864 8	0.354 10	3 476.8	7.759 7
600	0.804 08	3 699.6	8.349 1	0.501 84	3 697.2	8.130 2	0.401 09	3 695.7	8.025 9

续表

p	2.0 MPa			3.0 MPa			4.0 MPa		
饱和参数	$t_s = 212.417$ ℃ $v' = 0.001\ 176\ 7$　$v'' = 0.099\ 600$ $h' = 908.64$　　$h'' = 2\ 798.7$ $s' = 2.447\ 1$　　$s'' = 6.339\ 5$			$t_s = 233.893$ ℃ $v' = 0.001\ 216\ 6$　$v'' = 0.066\ 700$ $h' = 1\ 008.2$　　$h'' = 2\ 803.2$ $s' = 2.645\ 4$　　$s'' = 6.185\ 4$			$t_s = 250.394$ ℃ $v' = 0.001\ 252\ 4$　$v'' = 0.049\ 800$ $h' = 1\ 087.2$　　$h'' = 2\ 800.5$ $s' = 2.796\ 2$　　$s'' = 6.068\ 8$		
t /℃	$v/(\mathrm{m^3 \cdot kg^{-1}})$	$h/(\mathrm{kJ \cdot kg^{-1}})$	$s/(\mathrm{kJ \cdot kg^{-1} \cdot K^{-1}})$	$v/(\mathrm{m^3 \cdot kg^{-1}})$	$h/(\mathrm{kJ \cdot kg^{-1}})$	$s/(\mathrm{kJ \cdot kg^{-1} \cdot K^{-1}})$	$v/(\mathrm{m^3 \cdot kg^{-1}})$	$h/(\mathrm{kJ \cdot kg^{-1}})$	$s/(\mathrm{kJ \cdot kg^{-1} \cdot K^{-1}})$
0	0.000 999 2	1.99	0.000 0	0.000 998 7	3.01	0.000 0	0.000 998 2	4.03	0.000 1
10	0.000 999 4	43.95	0.150 8	0.000 998 9	44.92	0.150 7	0.000 998 4	45.89	0.150 7
20	0.001 000 9	85.74	0.295 9	0.001 000 5	86.68	0.295 7	0.001 000 0	87.62	0.295 5
40	0.001 007 0	169.27	0.571 5	0.001 006 6	170.15	0.571 1	0.001 006 1	171.04	0.570 8
50	0.001 011 3	211.04	0.780 28	0.001 010 8	211.90	0.702 4	0.001 010 4	212.77	0.701 9
60	0.001 016 2	252.82	0.830 2	0.001 015 8	253.66	0.829 6	0.001 015 3	254.50	0.829 1
80	0.001 028 1	336.48	1.074 0	0.001 027 6	337.28	1.073 4	0.001 027 2	338.07	1.072 7
100	0.001 042 5	420.49	1.305 4	0.001 042 0	421.24	1.304 7	0.001 041 5	421.99	1.303 9
120	0.001 059 3	505.03	1.526 1	0.001 058 7	505.73	1.525 2	0.001 058 2	506.44	1.524 3
140	0.001 078 7	590.27	1.736 6	0.001 078 1	590.92	1.736 6	0.001 077 4	591.58	1.735 5
150	0.001 089 4	633.22	1.840 3	0.001 088 8	633.84	1.839 2	0.001 088 1	634.46	1.838 1
160	0.001 100 9	676.43	1.941 2	0.001 100 2	677.01	1.940 0	0.001 099 5	677.60	1.938 9
180	0.001 126 5	763.72	2.138 2	0.001 125 6	764.23	2.136 9	0.001 124 8	764.74	2.135 5
200	0.001 156 0	852.52	2.330 0	0.001 154 9	852.93	2.328 4	0.001 153 9	853.31	2.326 8
250	0.111 412	2 901.5	6.543 6	0.070 564	2 854.7	6.285 5	0.001 251 4	1 085.3	2.792 5
300	0.125 449	3 022.6	6.764 8	0.081 126	2 992.4	6.537 1	0.058 821	2 959.5	6.359 5
350	0.138 564	3 136.2	6.955 0	0.090 520	3 114.4	6.741 4	0.066 436	3 091.5	6.580 5
400	0.151 190	3 246.8	7.125 8	0.099 352	3 230.1	6.919 9	0.073 401	3 212.7	6.767 7
450	0.163 523	3 356.4	7.282 8	0.107 864	3 343.0	7.081 7	0.080 016	3 329.2	6.934 7
500	0.176 66	3 465.9	7.429 3	0.116 174	3 454.9	7.231 4	0.086 417	3 443.6	7.087 7
600	0.199 598	3 687.8	7.699 1	0.132 427	3 679.9	7.505 1	0.098 836	3 671.9	7.365 3

续表

p	5.0 MPa			6.0 MPa			7.0 MPa		
饱和参数	$t_s = 263.980\ ℃$ $v' = 0.001\ 286\ 1$　$v'' = 0.039\ 400$ $h' = 1\ 154.2$　$h'' = 2\ 793.6$ $s' = 2.920\ 0$　$s'' = 5.972\ 4$			$t_s = 275.625\ ℃$ $v' = 0.001\ 319\ 0$　$v'' = 0.032\ 400$ $h' = 1\ 213.3$　$h'' = 2\ 783.8$ $s' = 3.026\ 6$　$s'' = 5.888\ 5$			$t_s = 285.869\ ℃$ $v' = 0.001\ 351\ 5$　$v'' = 0.027\ 400$ $h' = 1\ 266.9$　$h'' = 2\ 771.7$ $s' = 3.121\ 0$　$s'' = 5.812\ 9$		
t /℃	$v/(\text{m}^3 \cdot \text{kg}^{-1})$	$h/(\text{kJ} \cdot \text{kg}^{-1})$	$s/(\text{kJ} \cdot \text{kg}^{-1} \cdot \text{K}^{-1})$	$v/(\text{m}^3 \cdot \text{kg}^{-1})$	$h/(\text{kJ} \cdot \text{kg}^{-1})$	$s/(\text{kJ} \cdot \text{kg}^{-1} \cdot \text{K}^{-1})$	$v/(\text{m}^3 \cdot \text{kg}^{-1})$	$h/(\text{kJ} \cdot \text{kg}^{-1})$	$s/(\text{kJ} \cdot \text{kg}^{-1} \cdot \text{K}^{-1})$
0	0.000 997 7	5.04	0.000 2	0.000 997 2	6.05	0.000 2	0.000 996 7	7.07	0.000 3
10	0.000 997 9	46.87	0.150 6	0.000 997 5	47.83	0.150 5	0.000 997 0	48.80	0.150 4
20	0.000 999 6	88.55	0.295 2	0.000 999 1	89.49	0.295 0	0.000 998 6	90.42	0.294 8
40	0.001 005 7	171.92	0.570 4	0.001 100 52	172.81	0.570 0	0.001 004 8	173.69	0.569 6
50	0.001 009 9	213.63	0.701 5	0.001 009 5	214.49	0.701 0	0.001 009 1	215.35	0.700 5
60	0.001 014 9	255.34	0.828 6	0.001 014 4	256.18	0.828 0	0.001 014 0	257.01	0.827 5
80	0.001 026 7	338.87	1.072 1	0.001 026 2	339.67	1.071 4	0.001 025 8	340.46	1.070 8
100	0.001 041 0	422.75	1.303 1	1.001 040 4	423.50	1.302 3	1.001 039 9	424.25	1.301 6
120	0.001 057 6	507.14	1.523 4	0.001 057 1	507.85	1.522 5	0.001 056 5	508.55	1.521 6
140	0.001 076 8	592.23	1.734 5	0.001 076 2	592.88	1.733 5	0.001 075 6	593.54	1.732 5
150	0.001 087 4	635.09	1.837 0	0.001 086 8	635.71	1.835 9	0.001 086 1	636.34	1.834 8
160	0.001 098 8	678.19	1.937 7	0.001 098 1	678.78	1.936 5	0.001 097 4	679.37	1.935 3
180	0.001 124 0	765.25	2.134 2	0.001 123 1	756.76	2.132 8	0.001 122 3	766.28	2.131 5
200	0.001 152 9	835.75	2.325 3	0.001 151 9	854.17	2.323 7	0.001 151 0	854.59	2.322 2
250	0.001 249 6	1 085.2	2.790 1	0.001 247 8	1 085.2	2.787 7	0.001 246 0	1 085.2	2.785 3
300	0.045 301	2 923.3	6.206 4	0.036 148	2 883.1	6.065 6	0.029 457	2 837.5	5.929 1
350	0.051 932	3 067.4	6.447 7	0.042 213	3 041.9	6.331 7	0.035 225	3 014.8	6.226 5
400	0.057 804	3 194.9	6.644 8	0.047 382	3 176.4	6.539 5	0.039 917	3 157.3	6.446 5
450	0.063 291	3 315.2	6.817 0	0.052 128	3 300.9	6.717 9	0.044 143	3 286.2	6.631 4
500	0.068 552	3 432.2	6.973 5	0.056 632	3 420.6	6.878 1	0.048 110	3 408.9	6.795 4
600	0.078 675	3 663.9	7.255 3	0.065 228	3 655.7	7.164 0	0.055 617	3 647.5	7.085 7

p	8.0 MPa			9.0 MPa			10.0 MPa		
饱和参数	$t_s = 295.048$ ℃　　$v' = 0.001\ 384\ 3$　$v'' = 0.023\ 520$　$h' = 1\ 316.5$　　$h'' = 2\ 757.7$　$s' = 3.206\ 6$　　$s'' = 5.743\ 0$			$t_s = 303.385$ ℃　　$v' = 0.001\ 417\ 7$　$v'' = 0.020\ 500$　$h' = 1\ 361.1$　　$h'' = 2\ 741.9$　$s' = 3.285\ 4$　　$s'' = 5.677\ 1$			$t_s = 311.037$ ℃　　$v' = 0.001\ 452\ 2$　$v'' = 0.018\ 000$　$h' = 1\ 407.2$　　$h'' = 2\ 724.5$　$s' = 3.359\ 1$　　$s'' = 5.613\ 9$		
t /℃	v/(m³·kg⁻¹)	h/(kJ·kg⁻¹)	s/(kJ·kg⁻¹·K⁻¹)	v/(m³·kg⁻¹)	h/(kJ·kg⁻¹)	s/(kJ·kg⁻¹·K⁻¹)	v/(m³·kg⁻¹)	h/(kJ·kg⁻¹)	s/(kJ·kg⁻¹·K⁻¹)
0	0.000 996 2	8.08	0.000 3	0.000 995 7	9.08	0.000 4	0.000 995 2	10.09	0.000 4
10	0.000 996 5	49.77	0.150 2	0.000 996 1	50.74	0.150 1	0.000 995 6	51.70	0.150 0
20	0.000 998 2	91.36	0.294 6	0.000 997 7	92.29	0.294 4	0.000 997 3	93.22	0.294 2
40	0.001 004 4	174.57	0.569 2	0.001 003 9	175.46	0.568 8	0.001 003 5	176.34	0.568 4
50	0.001 008 6	216.21	0.700 1	0.001 008 2	217.07	0.699 6	0.001 007 8	217.93	0.699 2
60	0.001 013 6	257.85	0.827 0	0.001 013 1	258.69	0.826 5	0.001 012 7	259.53	0.825 9
80	0.001 025 3	341.26	1.070 1	0.001 024 8	342.06	1.069 5	0.001 024 4	342.845	1.068 8
100	0.001 039 5	425.01	1.300 8	0.001 039 0	425.76	1.300 0	0.001 038 5	426.51	1.299 3
120	0.001 056 0	509.26	1.520 7	0.001 055 4	509.97	1.519 9	0.001 054 9	510.68	1.519 0
140	0.001 075 0	594.19	1.731 4	0.001 074 4	594.85	1.730 4	0.001 073 8	595.50	1.729 4
150	0.001 085 5	636.96	1.833 7	0.001 084 8	637.59	1.832 7	0.001 084 2	638.22	1.831 6
160	0.001 096 7	679.97	1.934 2	0.001 096 0	680.56	1.933 0	0.001 095 3	681.16	1.931 9
180	0.001 121 5	766.80	2.130 2	0.001 120 7	767.32	2.128 8	0.001 119 9	767.84	2.127 5
200	0.001 150 0	855.02	2.320 7	0.001 149 0	855.44	2.319 1	0.001 148 1	855.88	2.317 6
250	0.001 244 3	1 085.2	2.782 9	0.001 242 5	1 085.2	2.780 6	0.001 240 8	1 085.3	2.778 3
300	0.024 255	2 784.5	5.789 9	0.001 401 8	1 343.5	3.251 4	0.001 397 5	1 342.3	3.246 9
350	0.029 940	2 986.1	6.128 2	0.025 786	2 955.3	6.034 2	0.022 415	2 922.1	5.942 3
400	0.034 302	3 137.5	6.362 2	0.029 921	3 117.1	6.284 2	0.026 402	3 095.8	6.210 9
450	0.038 145	3 271.3	6.554 0	0.033 474	3 256.0	6.483 5	0.029 735	3 240.5	6.418 4
500	0.041 712	3 397.0	6.722 1	0.036 733	3 385.0	6.656 0	0.032 750	3 372.8	6.595 4
600	0.048 403	3 639.2	7.016 8	0.042 789	3 630.8	6.955 2	0.038 297	3 622.5	6.899 2

续表

p	15.0 MPa			20.0 MPa			30.0 MPa		
饱和参数	$t_s = 342.196$ ℃ $v' = 0.001\,657\,1$ $v'' = 0.010\,300$ $h' = 1\,609.8$ $h'' = 2\,610.0$ $s' = 3.683\,6$ $s'' = 5.309\,1$			$t_s = 365.789$ ℃ $v' = 0.002\,037\,9$ $v'' = 0.005\,870\,2$ $h' = 1\,827.2$ $h'' = 2\,413.1$ $s' = 4.015\,3$ $s'' = 4.932\,2$					
t /℃	$v/(\text{m}^3 \cdot \text{kg}^{-1})$	$h/(\text{kJ} \cdot \text{kg}^{-1})$	$s/(\text{kJ} \cdot \text{kg}^{-1} \cdot \text{K}^{-1})$	$v/(\text{m}^3 \cdot \text{kg}^{-1})$	$h/(\text{kJ} \cdot \text{kg}^{-1})$	$s/(\text{kJ} \cdot \text{kg}^{-1} \cdot \text{K}^{-1})$	$v/(\text{m}^3 \cdot \text{kg}^{-1})$	$h/(\text{kJ} \cdot \text{kg}^{-1})$	$s/(\text{kJ} \cdot \text{kg}^{-1} \cdot \text{K}^{-1})$
0	0.000 992 8	15.10	0.000 6	0.000 990 4	20.08	0.000 6	0.000 985 7	29.92	0.000 5
10	0.000 993 3	56.51	0.149 4	0.000 991 1	61.29	0.148 8	0.000 986 6	70.77	0.147 4
20	0.000 995 1	97.87	0.293 0	0.000 992 9	102.50	0.291 9	0.000 988 7	111.71	0.289 5
40	0.001 001 4	180.74	0.566 5	0.000 999 2	185.13	0.564 5	0.000 995 1	193.87	0.560 6
50	0.001 005 6	222.22	0.696 9	0.001 003 5	226.50	0.694 6	0.000 999 3	235.05	0.690 0
60	0.001 010 5	263.72	0.823 3	0.001 008 4	267.90	0.820 7	0.001 004 2	276.25	0.815 6
80	0.001 022 1	346.84	1.065 6	0.001 019 9	350.82	1.062 4	0.001 015 5	358.78	1.056 2
100	0.001 036 0	430.29	1.295 5	0.001 033 6	434.06	1.291 7	0.001 029 0	441.64	1.284 4
120	0.001 052 2	514.23	1.514 6	0.001 049 6	517.79	1.510 3	0.001 044 5	524.95	1.501 9
140	0.001 070 8	598.80	1.724 4	0.001 067 9	602.12	1.719 5	0.001 062 2	608.82	1.710 0
150	0.001 081 0	641.37	1.826 2	0.001 077 9	644.56	1.821 0	0.001 071 9	651.00	1.810 8
160	0.001 091 9	684.16	1.926 2	0.001 088 6	687.20	1.720 6	0.001 082 2	693.36	1.909 8
180	0.001 115 9	770.49	2.121 0	0.001 112 1	773.19	2.114 7	0.001 104 8	778.72	2.102 4
200	0.001 143 4	858.08	2.310 2	0.001 138 9	860.36	2.302 9	0.001 130 3	865.12	2.289 0
250	0.001 232 7	1 085.6	2.767 1	0.001 225 1	1 086.2	2.756 4	0.001 211 0	1 087.9	2.736 4
300	0.001 377 7	1 337.3	3.226 0	0.001 360 5	1 333.4	3.207 2	0.001 331 7	1 327.9	3.174 2
350	0.011 469	2 691.2	5.440 3	0.001 664 5	1 645.3	3.727 5	0.001 552 2	1 608.0	3.642 0
400	0.015 652	2 974.6	5.879 8	0.009 945 8	2 816.8	5.552 0	0.002 792 9	2 150.6	4.472 1
450	0.018 449	3 156.5	6.140 8	0.012 701 3	3 060.7	5.902 5	0.006 736 3	2 822.1	5.443 3
500	0.020 797	3 309.0	6.344 9	0.014 768 1	3 239.3	6.141 5	0.008 676 1	3 083.3	5.793 4
600	0.024 882	3 580.7	6.675 7	0.018 165 5	3 536.3	6.503 5	0.011 431 0	3 442.9	6.232 1

附表8　几种材料的密度、热导率、比热容和扩散率

材料名称	$t/℃$	$\rho/$ $(kg \cdot m^{-3})$	$\lambda/(W \cdot m^{-1} \cdot K^{-1})$	$c/(kJ \cdot kg^{-1} \cdot K^{-1})$	$a \times 10^2/$ $(m^2 \cdot h^{-1})$	备注
银	0	10 500	458.2	0.235	670.0	
铜（紫铜）	0	8 800	383.8	0.461	412.0	
黄铜	0	8 600	85.5	0.377	95.0	
钢 $w(C) \approx 0.5\%$	20	7 830	53.6	0.465		
$w(C) \approx 1.0\%$	20	7 800	43.3	0.473		
$w(C) \approx 1.5\%$	20	7 750	36.4	0.486		
灰铸铁	20		41.9 ~ 58.6			
铸铝 ZL101	25	2 660	150.7	0.879		
铸铝 ZL104	25	2 650	146.5	0.754		c 为100 ℃ 时的比 热容
铸铝 ZL109	25	2 680	117.2	0.963		
铸铝 LD7	25	2 800	142.4	0.794		
铝	0	2 670	203.5	0.921	328.0	
超细玻璃棉	36	33.4 ~ 50	0.030			
珍珠岩散料	20	44 ~ 228	0.042 ~ 0.078			
蛭石	20	395 ~ 467	0.105 ~ 0.128	0.816	0.712	
石棉板	30	770 ~ 1 045	0.111 ~ 0.140			
耐火黏土砖	0	270 ~ 2 000	0.058 ~ 0.698			
红砖	25	1 560	0.489			
矿渣棉	30	207	0.058	1.130	0.560	
水泥	30	1 900	0.302			
混凝土			1.28			
泡沫混凝土	0	400 ~ 450	0.091 ~ 0.1			
黄沙	30	1 580 ~ 1 700	0.279 ~ 0.337			
土			0.50 ~ 1.652			
松木（垂直木纹）	15	496	0.150			
松木（平行木纹）	21	527	0.347			
玻璃			0.698 ~ 1.05			
纤维板			0.049			
草绳		230	0.064 ~ 0.113			
泡沫塑料	30	29.5 ~ 162	0.41 ~ 0.056			
聚苯乙烯	30	24.7 ~ 37.8	0.04 ~ 0.043			
聚苯乙烯	30		0.14 ~ 0.151			
聚四氟乙烯	20	2 240	0.186			
橡胶制品	0	1 200	0.163	1.382	0.352	
木垢			1.28 ~ 3.14			
烟灰			0.07 ~ 0.116			
瓷		2 400	1.035	1.089	1.43	

附表 9 干空气的热物理性质 ($p = 760$ mmHg $\approx 1.01 \times 10^5$ Pa) $v = \dfrac{\text{表值}}{10^{-6}}$

$t/℃$	$\rho/(\text{kg} \cdot \text{m}^{-3})$	$c_p/(\text{kJ} \cdot \text{kg}^{-1} \cdot \text{K}^{-1})$	$\lambda \times 10^2/(\text{W} \cdot \text{m}^{-1} \cdot \text{K}^{-1})$	$a \times 10^2/(\text{m}^2 \cdot \text{s}^{-1})$	$\mu \times 10^6/(\text{kg} \cdot \text{m}^{-1} \cdot \text{s}^{-1})$	$v \times 10^6/(\text{m}^2 \cdot \text{s}^{-1})$	Pr
−50	1.584	1.013	2.04	12.7	14.6	9.23	0.728
−40	1.515	1.013	2.12	13.8	15.2	10.04	0.728
−30	1.453	1.013	2.20	14.9	15.7	10.80	0.723
−20	1.395	1.009	2.28	16.2	16.2	11.61	0.716
−10	1.342	1.009	2.36	17.4	16.7	12.43	0.712
0	1.293	1.005	2.44	18.8	17.2	13.28	0.707
10	1.247	1.005	2.51	20.0	17.6	14.16	0.705
20	1.205	1.005	2.59	21.4	18.1	15.06	0.703
30	1.165	1.005	2.67	22.9	18.6	16.00	0.701
40	1.128	1.005	2.76	24.3	19.1	16.96	0.699
50	1.093	1.055	2.83	25.7	19.6	17.95	0.698
60	1.060	1.005	2.90	27.2	20.1	18.97	0.696
70	1.020	1.009	2.96	28.6	20.6	20.02	0.694
80	1.000	1.009	3.05	30.2	21.1	21.09	0.692
90	0.972	1.009	3.13	31.9	21.5	22.10	0.690
100	0.946	1.009	3.21	33.6	21.9	23.13	0.688
120	0.898	1.009	3.34	36.8	22.8	25.45	0.686
140	0.854	1.013	3.49	40.3	23.7	27.80	0.684
160	0.815	1.017	3.64	43.9	24.5	30.09	0.682
180	0.779	1.022	3.78	47.5	25.3	32.49	0.681
200	0.746	1.626	3.93	51.4	26.0	34.85	0.680
250	0.674	1.038	4.27	61.0	27.4	40.61	0.677
300	0.615	1.047	4.60	71.6	29.7	48.33	0.674
350	0.566	1.059	4.91	81.9	31.4	55.46	0.676
400	0.524	1.068	5.21	93.1	33.0	63.09	0.678
500	0.456	1.093	5.74	115.3	36.2	79.38	0.687
600	0.404	1.114	6.22	138.3	39.1	96.89	0.699
700	0.362	1.135	6.71	163.4	41.8	115.4	0.706
800	0.329	1.156	7.18	188.8	44.3	134.8	0.713
900	0.301	1.172	7.63	216.2	46.7	155.1	0.717
1 000	0.277	1.185	8.07	245.9	49.0	177.1	0.719
1 100	0.257	1.197	8.50	276.2	51.2	199.3	0.722
1 200	0.239	1.210	9.15	316.5	53.5	233.7	0.724

附表 10 标准大气压下烟气的热物理性质

（烟气中组成成分：$r_{CO_2}=0.13$，$r_{H_2O}=0.11$；$r_{N_2}=0.76$）

$t/℃$	$\rho/(kg \cdot m^{-3})$	$c_p/(kJ \cdot kg^{-1} \cdot K^{-1})$	$\lambda \times 10^2/(W \cdot m^{-1} \cdot K^{-1})$	$a \times 10^2/(m^2 \cdot s^{-1})$	$\mu \times 10^6/(kg \cdot m^{-1} \cdot s^{-1})$	$v \times 10^6/(m^2 \cdot s^{-1})$	Pr
0	1.295	1.042	2.28	16.9	15.8	12.20	0.72
100	0.950	1.068	3.13	30.8	20.4	21.54	0.69
200	0.748	1.097	4.01	48.9	24.5	32.80	0.67
300	0.617	1.122	4.84	69.9	28.2	45.81	0.65
400	0.525	1.151	5.70	94.3	31.7	60.38	0.64
500	0.457	1.185	6.56	121.1	34.8	76.30	0.63
600	0.405	1.214	7.42	150.9	37.9	93.61	0.62
700	0.363	1.239	8.27	183.8	40.7	112.1	0.61
800	0.330	1.264	9.15	219.7	43.4	131.8	0.60
900	0.301	1.290	10.00	258.0	45.9	152.5	0.59
1 000	0.275	1.306	10.90	303.4	48.4	174.3	0.58
1 100	0.257	1.323	11.75	345.5	50.7	197.1	0.57
1 200	0.240	1.340	12.62	392.4	53.0	221.0	0.56

附表 11 饱和水的热物理性质

$t/℃$	$p \times 10^{-5}/Pa$	$\rho/(kg \cdot m^{-3})$	$h'/(kJ \cdot kg^{-1})$	$c_p/(kJ \cdot kg^{-1} \cdot K^{-1})$	$\lambda \times 10^2/(W \cdot m^{-1} \cdot K^{-1})$	$a \times 10^4/(m^2 \cdot s^{-1})$	$\mu \times 10^6/(kg \cdot m^{-1} \cdot s^{-1})$	$v \times 10^6/(m^2 \cdot s^{-1})$	$\beta \times 10^4/(K^{-1})$	$\sigma \times 10^4/(N \cdot m^{-1})$	Pr
0	1.013	999.9	0	4.212	55.1	13.1	1 738	1.789	-0.63	756.4	13.67
10	1.013	999.7	42.04	4.191	57.4	13.7	1 306	1.306	0.70	741.6	9.52
20	1.013	998.2	83.91	4.183	59.9	14.3	1 004	1.006	1.82	726.9	7.02
30	1.013	995.7	125.7	4.174	61.8	14.9	801.5	0.805	3.21	712.2	5.42
40	1.013	992.2	167.5	4.174	63.5	15.3	653.3	0.659	3.87	696.5	4.31
50	1.013	988.1	209.3	4.174	64.8	15.7	549.4	0.556	4.49	676.9	3.54
60	1.013	938.1	251.1	4.179	65.9	16.0	469.9	0.478	5.11	662.2	3.98
70	1.013	977.8	293.0	4.187	66.8	16.3	406.1	0.415	5.79	643.5	2.55
80	1.013	971.8	355.0	4.195	67.4	16.6	355.1	0.365	6.32	625.9	2.21
90	1.013	965.3	377.0	4.208	68.0	16.8	314.9	0.326	6.95	667.2	1.95
100	1.013	958.4	419.1	4.220	68.3	16.9	282.5	0.295	7.52	588.6	1.75
110	1.43	951.0	461.4	4.233	68.5	17.0	259.0	0.272	8.08	569.0	1.60
120	1.98	943.1	503.7	4.250	68.6	17.1	237.4	0.252	8.64	548.4	1.47
130	2.70	934.8	546.4	4.266	68.6	17.2	217.8	0.233	9.19	528.8	1.36
140	3.61	926.1	589.1	4.287	68.5	17.2	201.1	0.217	9.72	507.2	1.26
150	4.76	917.0	632.2	4.313	68.4	17.3	186.4	0.203	10.3	486.6	1.17

续表

$t/℃$	$p \times 10^{-5}$ /Pa	$\rho/$ (kg· m^{-3})	$h'/$(kJ· kg^{-1})	$c_p/$(kJ· kg^{-1}· K^{-1})	$\lambda \times 10^2/$ (W·m^{-1} ·K^{-1})	$a \times 10^4$ /(m^2· s^{-1})	$\mu \times 10^6/$ (kg·m^{-1} ·s^{-1})	$v \times 10^6/$ (m^2· s^{-1})	$\beta \times 10^4$ /(K^{-1})	$\sigma \times 10^4$ /(N· m^{-1})	Pr
160	6.18	907.0	675.4	4.346	68.3	17.3	173.6	0.191	10.7	466.0	1.10
170	7.92	897.3	719.3	4.380	67.9	17.3	162.8	0.181	11.3	443.4	1.05
180	10.03	886.9	763.3	4.417	67.4	17.2	153.0	0.173	11.9	422.8	1.00
190	12.55	876.0	807.8	4.459	67.0	17.1	144.2	0.165	12.6	400.2	0.96
200	15.55	863.0	852.8	4.505	66.3	17.0	136.4	0.158	13.3	376.7	0.93
210	19.08	852.3	897.7	4.555	65.5	16.9	130.5	0.153	14.1	354.1	0.91
220	23.20	840.3	943.7	4.614	64.5	16.6	124.6	0.148	14.8	331.6	0.89
230	27.98	827.3	990.2	4.681	63.7	16.4	119.7	0.145	15.9	310.0	0.88
240	33.48	813.6	1 037.5	4.756	62.8	16.2	114.8	0.141	16.8	285.5	0.87
250	39.78	799.0	1 085.7	4.844	61.8	15.9	109.9	0.137	18.1	261.9	0.86
260	46.94	784.0	1 135.7	4.949	60.5	15.6	105.9	0.135	19.7	237.4	0.87
270	55.05	767.9	1 185.7	5.070	59.0	15.1	102.0	0.133	21.6	214.8	0.88
280	64.19	750.7	1 236.8	5.230	57.4	14.6	98.1	0.131	23.7	191.3	0.90
290	74.45	732.3	1 290.0	5.485	55.8	13.9	94.2	0.129	26.2	168.7	0.93
300	85.92	712.5	1 344.9	5.736	54.0	13.2	91.2	0.128	29.2	144.2	0.97
310	98.70	691.1	1 402.2	6.071	52.3	12.5	88.3	0.128	32.9	120.7	1.03
320	112.90	667.1	1 462.1	6.574	50.6	11.5	85.3	0.128	38.2	98.10	1.11
330	128.65	640.2	1 526.2	7.244	48.4	10.4	81.4	0.127	43.3	76.71	1.22
340	146.08	610.1	1 594.8	8.165	45.7	9.17	77.5	0.127	53.4	56.70	1.39
350	165.37	574.4	1 671.4	9.504	43.0	7.88	72.6	0.126	66.8	38.16	1.60
360	186.74	528.0	1 761.5	13.984	39.5	5.36	66.7	0.126	109	20.21	2.35
370	210.53	450.5	1 892.5	40.321	33.7	1.86	56.9	0.126	164	4.709	6.79

附表 12 油类的热物理性质

名称	$t/℃$	$\rho/$(kg· m^{-3})	$c/$(kJ· kg^{-1}· K^{-1})	$\lambda/$(W· m^{-1}·K^{-1})	$a \times 10^4/$ (m^2·s^{-1})	$\mu \times 10^4/$(kg· m^{-1}·s^{-1})	$v \times 10^6/$ (m^2·s^{-1})	Pr
汽油	0	900	1.800	0.145	3.23			
	50		1.842	0.137	2.40			
柴油	20	908.4	1.838	0.128	3.41	5 629	620	8 000
	40	895.5	1.909	0.126	3.94	1 209	135	1 840
	60	882.4	1.980	0.124	4.45	397.2	45	630
	80	870	2.052	0.123	4.92	173.6	20	200
	100	857	2.123	0.122	5.42	92.48	108	162

续表

名称	$t/℃$	$\rho/(kg \cdot m^{-3})$	$c/(kJ \cdot kg^{-1} \cdot K^{-1})$	$\lambda/(W \cdot m^{-1} \cdot K^{-1})$	$a \times 10^4/(m^2 \cdot s^{-1})$	$\mu \times 10^4/(kg \cdot m^{-1} \cdot s^{-1})$	$v \times 10^6/(m^2 \cdot s^{-1})$	Pr
润滑油	0	899	1.796	0.148	3.22	38 442	4 280	47 100
	40	876	1.955	0.144	3.10	2 118	242	2 870
	80	852	2.131	0.138	2.90	319.7	37.5	490
	120	829	2.307	0.135	2.70	103	12.4	175
变压器油	20	866	1.892	0.124	2.73	315.8	36.5	481
	40	852	1.993	0.123	2.61	142.2	16.7	230
	60	842	2.093	0.122	2.49	73.16	8.7	126
	80	830	2.198	0.120	2.36	43.15	5.2	79.4
	100	818	2.294	0.119	2.28	30.99	3.8	60.3

附表 13　几种材料在表面法线方向上的辐射黑度

材料类别和表面状况	温度/℃	黑度 ε	材料类别和表面状况	温度/℃	黑度 ε
磨光的钢铸件	770 ~ 1 035	0.52 ~ 0.56	镀锌的铁皮	38	0.23
碾压的钢板	21	0.657	镀锌的铁片被氧化呈灰色	24	0.276
具有非常粗糙的氧化层的钢板	24	0.80			
磨光的铬	150	0.058	磨光的或电镀层的银	38 ~ 1090	0.01 ~ 0.03
粗糙的铝板	20 ~ 25	0.06 ~ 0.07	白大理石	38 ~ 538	0.95 ~ 0.93
基体为铜的镀铝表面	190 ~ 600	0.18 ~ 0.19	石灰泥	38 ~ 260	0.92
在磨光的铁上电镀一层镍,但不再磨光	38	0.11	磨光的玻璃	38	0.90
			平滑的玻璃	38	0.94
铬镍合金	52 ~ 1 034	0.64 ~ 0.76	白瓷釉	51	0.92
粗糙的铅	38	0.43	石棉板	38	0.96
灰色、氧化的铝	38	0.28	石棉纸	38	0.93
磨光的铸铁	200	0.21	耐火砖	500 ~ 1 000	0.8 ~ 0.9
生锈的铁板	20	0.685	红砖	20	0.93
粗糙的铁锭	926 ~ 1 120	0.87 ~ 0.95	油毛毡	20	0.93
经过车床加工的铸铁	882 ~ 987	0.60 ~ 0.70	抹灰的墙	20	0.94
			灯黑	20 ~ 400	0.95 ~ 0.97
稍加磨光的黄铜	38 ~ 260	0.12	平木板	20	0.78
无光泽的黄铜	38	0.22	硬橡皮	20	0.92
粗糙的黄铜	38	0.74	木料	20	0.80 ~ 0.92
磨光的紫铜	20	0.03	各种颜色的油漆	100	0.92 ~ 0.96
氧化了的紫铜	20	0.78	雪	0	0.8
镀有锡且发亮的铁片	25	0.043 ~ 0.064	水（厚度大于 0.1 mm）	0 ~ 100	0.96

注:绝大部分非金属材料的黑度在 0.85 ~ 0.95 之间,在缺乏资料时,可近似取作 0.9。

名称	$t/℃$	$\rho/(kg \cdot m^{-3})$	$c/(kJ \cdot kg^{-1} \cdot K^{-1})$	$\lambda/(W \cdot m^{-1} \cdot K^{-1})$	$a \times 10^4/(m^2 \cdot s^{-1})$	$\mu \times 10^4/(kg \cdot m^{-1} \cdot s^{-1})$	$v \times 10^6/(m^2 \cdot s^{-1})$	Pr
润滑油	0	899	1.796	0.148	3.22	38 442	4 280	47 100
	40	876	1.955	0.144	3.10	2 118	242	2 870
	80	852	2.131	0.138	2.90	319.7	37.5	490
	120	829	2.307	0.135	2.70	103	12.4	175
变压器油	20	866	1.892	0.124	2.73	315.8	36.5	481
	40	852	1.993	0.123	2.61	142.2	16.7	230
	60	842	2.093	0.122	2.49	73.16	8.7	126
	80	830	2.198	0.120	2.36	43.15	5.2	79.4
	100	818	2.294	0.119	2.28	30.99	3.8	60.3

附表 13 几种材料在表面法线方向上的辐射黑度

材料类别和表面状况	温度/℃	黑度 ε	材料类别和表面状况	温度/℃	黑度 ε
磨光的钢铸件	770 ~ 1 035	0.52 ~ 0.56	镀锌的铁皮	38	0.23
碾压的钢板	21	0.657	镀锌的铁片被氧化呈灰色	24	0.276
具有非常粗糙的氧化层的钢板	24	0.80			
磨光的铬	150	0.058	磨光的或电镀层的银	38 ~ 1090	0.01 ~ 0.03
粗糙的铝板	20 ~ 25	0.06 ~ 0.07	白大理石	38 ~ 538	0.95 ~ 0.93
基体为铜的镀铝表面	190 ~ 600	0.18 ~ 0.19	石灰泥	38 ~ 260	0.92
在磨光的铁上电镀一层镍,但不再磨光	38	0.11	磨光的玻璃	38	0.90
			平滑的玻璃	38	0.94
铬镍合金	52 ~ 1 034	0.64 ~ 0.76	白瓷釉	51	0.92
粗糙的铅	38	0.43	石棉板	38	0.96
灰色、氧化的铝	38	0.28	石棉纸	38	0.93
磨光的铸铁	200	0.21	耐火砖	500 ~ 1 000	0.8 ~ 0.9
生锈的铁板	20	0.685	红砖	20	0.93
粗糙的铁锭	926 ~ 1 120	0.87 ~ 0.95	油毛毡	20	0.93
经过车床加工的铸铁	882 ~ 987	0.60 ~ 0.70	抹灰的墙	20	0.94
			灯黑	20 ~ 400	0.95 ~ 0.97
稍加磨光的黄铜	38 ~ 260	0.12	平木板	20	0.78
无光泽的黄铜	38	0.22	硬橡皮	20	0.92
粗糙的黄铜	38	0.74	木料	20	0.80 ~ 0.92
磨光的紫铜	20	0.03	各种颜色的油漆	100	0.92 ~ 0.96
氧化了的紫铜	20	0.78	雪	0	0.8
镀有锡且发亮的铁片	25	0.043 ~ 0.064	水(厚度大于0.1 mm)	0 ~ 100	0.96

注:绝大部分非金属材料的黑度在 0.85 ~ 0.95 之间,在缺乏资料时,可近似取作 0.9。

$t/℃$	$p\times10^{-5}/Pa$	$\rho/(kg\cdot m^{-3})$	$h'/(kJ\cdot kg^{-1})$	$c_p/(kJ\cdot kg^{-1}\cdot K^{-1})$	$\lambda\times10^2/(W\cdot m^{-1}\cdot K^{-1})$	$a\times10^4/(m^2\cdot s^{-1})$	$\mu\times10^6/(kg\cdot m^{-1}\cdot s^{-1})$	$v\times10^6/(m^2\cdot s^{-1})$	$\beta\times10^4/(K^{-1})$	$\sigma\times10^4/(N\cdot m^{-1})$	Pr
160	6.18	907.0	675.4	4.346	68.3	17.3	173.6	0.191	10.7	466.0	1.10
170	7.92	897.3	719.3	4.380	67.9	17.3	162.8	0.181	11.3	443.4	1.05
180	10.03	886.9	763.3	4.417	67.4	17.2	153.0	0.173	11.9	422.8	1.00
190	12.55	876.0	807.8	4.459	67.0	17.1	144.2	0.165	12.6	400.2	0.96
200	15.55	863.0	852.8	4.505	66.3	17.0	136.4	0.158	13.3	376.7	0.93
210	19.08	852.3	897.7	4.555	65.5	16.9	130.5	0.153	14.1	354.1	0.91
220	23.20	840.3	943.7	4.614	64.5	16.6	124.6	0.148	14.8	331.6	0.89
230	27.98	827.3	990.2	4.681	63.7	16.4	119.7	0.145	15.9	310.0	0.88
240	33.48	813.6	1 037.5	4.756	62.8	16.2	114.8	0.141	16.8	285.5	0.87
250	39.78	799.0	1 085.7	4.844	61.8	15.9	109.9	0.137	18.1	261.9	0.86
260	46.94	784.0	1 135.7	4.949	60.5	15.6	105.9	0.135	19.7	237.4	0.87
270	55.05	767.9	1 185.7	5.070	59.0	15.1	102.0	0.133	21.6	214.8	0.88
280	64.19	750.7	1 236.8	5.230	57.4	14.6	98.1	0.131	23.7	191.3	0.90
290	74.45	732.3	1 290.0	5.485	55.8	13.9	94.2	0.129	26.2	168.7	0.93
300	85.92	712.5	1 344.9	5.736	54.0	13.2	91.2	0.128	29.2	144.2	0.97
310	98.70	691.1	1 402.2	6.071	52.3	12.5	88.3	0.128	32.9	120.7	1.03
320	112.90	667.1	1 462.1	6.574	50.6	11.5	85.3	0.128	38.2	98.10	1.11
330	128.65	640.2	1 526.2	7.244	48.4	10.4	81.4	0.127	43.3	76.71	1.22
340	146.08	610.1	1 594.8	8.165	45.7	9.17	77.5	0.127	53.4	56.70	1.39
350	165.37	574.4	1 671.4	9.504	43.0	7.88	72.6	0.126	66.8	38.16	1.60
360	186.74	528.0	1 761.5	13.984	39.5	5.36	66.7	0.126	109	20.21	2.35
370	210.53	450.5	1 892.5	40.321	33.7	1.86	56.9	0.126	164	4.709	6.79

附表 12 油类的热物理性质

名称	$t/℃$	$\rho/(kg\cdot m^{-3})$	$c/(kJ\cdot kg^{-1}\cdot K^{-1})$	$\lambda/(W\cdot m^{-1}\cdot K^{-1})$	$a\times10^4/(m^2\cdot s^{-1})$	$\mu\times10^4/(kg\cdot m^{-1}\cdot s^{-1})$	$v\times10^6/(m^2\cdot s^{-1})$	Pr
汽油	0	900	1.800	0.145	3.23			
	50		1.842	0.137	2.40			
柴油	20	908.4	1.838	0.128	3.41	5 629	620	8 000
	40	895.5	1.909	0.126	3.94	1 209	135	1 840
	60	882.4	1.980	0.124	4.45	397.2	45	630
	80	870	2.052	0.123	4.92	173.6	20	200
	100	857	2.123	0.122	5.42	92.48	108	162

参考文献

[1]　景朝晖. 热工理论及应用［M］. 第 2 版. 北京：中国电力出版社，2012.

[2]　魏龙. 热工与流体力学基础［M］. 北京：化学工业出版社，2007.

[3]　童钧耕. 热工基础［M］. 北京：高等教育出版社，2009.

[4]　王修彦，张晓东. 热工基础［M］. 北京：中国电力出版社，2007.

[5]　傅秦生. 热工基础与应用［M］. 北京：机械工业出版社，2003.

[6]　严家騄. 工程热力学［M］. 第 3 版. 北京：高等教育出版社，2001.

[7]　叶学群，纪传仁. 热工与流体力学基础［M］. 北京：中国商业出版社，2006.

[8]　左明扬. 热工基础［M］. 武汉：武汉理工大学出版社，2006.

[9]　张玉萍. 热工基础［M］. 北京：中国建筑工业出版社，2005.

[10]　刘桂玉. 工程热力学［M］. 北京：高等教育出版社，1998.

[11]　唐莉萍. 热工基础［M］. 北京：中国电力出版社，1998.